U0175365

清香流动

解致璋 著

民主与建设出版社

无 由

坐酌泠泠水，看煎瑟瑟尘。

无由持一碗，寄与爱茶人。

—— 唐·白居易《山泉煎茶有怀》

我们舒舒服服地坐下，用清凉甘甜的山泉水来煮茶，就着炉火，缓缓忘却烦忧的心事吧。让我为你斟上一杯好茶，没有任何目的或者企图，只因为你也是一位爱茶人啊。

虽然诗人当年所喝的团饼茶和煮茶的方法都与我们今天不同，但是诗人晶莹宁静的感怀和潇洒的深情，悠悠穿越千年而来，打动我们的心，像晨光映照在摇曳的竹叶上，飘散出芬芳的清香。

目录

游于艺

　　茶道是一种生活的艺术。我们可以在茶道里体会孔子说的"游于艺"的境界。过一种具有创造力的生活，悠游在自由的"游戏"中，使我们感到深深的满足，感受到喜悦之情，在我们内在深处觉得富有。

　　每个人都拥有天赋的创造性能量。我们看看孩子就会了解，所有的孩子都具有创造力，他们的柔软和敏感，使他们充满想象力。但是在长大成人以后，我们的心却无可奈何地埋葬在事物的二元性中，只能看到事物的表面性，而把握不到创造的奥秘了。

　　静心，是回归内在能量源头的道路，那里是创造力绽放的起点。"坐禅"就是意味坐在那个源头里，什么地方都不去，能量就在那里脉动。我们必须宁静到能够触碰到那个源头，那股能量便可以升起，蜕变为创造力。

　　创造者的喜悦就在创造这件事的本身。

　　禅的活力与美其实并不仅仅在枯寂雅淡的一面。印度诗人泰戈尔说："生如夏花之绚烂，死如秋叶之静美。"我们在今天重新面对自己这既古老又年轻的茶道艺术时，不用挂虑任何艺术形式的问题。只要带着孩子般新鲜的眼睛，全然投入，真诚地做好当下每一件小事，享受心中流泻出来的美感，形式就会不断成长、变化，美自己会渐渐成熟。

静心泡茶

泡茶前的准备工作很多，如果我们把杂念放掉，从准备的工作开始，就静下心来，从容地一步接着一步做，可以调和心情，感觉愉快。

首先清扫环境，把杂物收起来，然后决定茶席的方位。茶席最好设在有景色的地方，按照人数准备桌椅，留出走路的动线。如果有客人，应该把最美的视野留给客人；如果没有，就自己享受。

细心挑选茶巾的色彩，与季节的感觉相呼应。设计茶席的空间比例，用不同的材质与色彩的变化来分隔，创造空间的层次。

把茶具摆放在适当的位置。先试一试泡茶的流程，检查茶具是否都准备齐全了，还有没有遗漏？再来调整茶具的空间距离，让茶具看起来有前后、高低、疏密的节奏感。每一件茶具都应该摆在顺手好用的地方，在泡茶时，感觉就会很自然、不吃力，泡茶的动作可以很舒服流畅地进行而不碍手。

准备火炉，把它放在最好用的位置。如果使用酒精炉，要记得加酒精及调整炉心的大小，水温是泡好茶的关键要素。

在茶席上插一点花，让花木的色彩与线条融入茶席中，与茶具合为一个整体和谐的画意。站在客人的位置这一面插花，客人才可以欣赏到茶花最美的姿态。如果自己一个人品茶，茶花则朝向自己。

在煮水前，把茶叶分装在小茶叶罐里。不要太早放进去，以免流失了新鲜度。

煮水的时候，安静地等候水开，小心不要把水煮老。

在小处留意客人的需要，不着痕迹地体贴客人，是茶主人的待客之道。

泡茶的神态最好轻松自然，没有多余而琐碎的动作。让自己的心沉静地融入流动的过程中，与正在做的每一件小事合而为一。泡一杯，喝一杯，再泡一杯。仔细品尝每杯茶汤的香气和味道，觉察所有细微的变化，顺着变化调整下一杯的泡茶手法。清楚自己处理每个细节的过程，前后的影响，知道自己做了什么，效果如何。

完全融入当下的心是机警、敏捷而有活力的，有能力处理各种情况，做出恰到好处而自然的反应。这种在经验里累积来的体会，都是宝贵的真知，带给我们踏实感，使我们的内心有自信。

集

一

品茶的环境

清朝书画家郑板桥的读书处名为"别峰庵",小斋三间,一庭花树,门联写着:"室雅何须大,花香不在多。"清静雅致的环境适合读书,也适合品茶。可是这样的环境并不多,我们可以自己来创造。

有朋友很幸福,住家靠近山边,又善于借景,窗外的青山,经过窗子的框框望去,就是一幅画,不论晨光夕曦、风雨晴晦,在四时变幻的景致中,都是品茶的美好时辰。

有朋友住在市中心,又在楼上,没有绿地,可是却慧心巧手地在阳台种树养花,营造出一片葱翠的绿荫。当阳光从落地窗洒进来时,也为室内带来婆娑的花影、树影,在地板上摆个矮几,几上放几样简单的茶具,就为朋友与家人营造出一个温馨的品茶环境了。

营造品茶的环境,是处理空间的艺术,没有一定的法则。我们先要细心观察环境的现实条件,再巧妙地运用种种审美的手法,慢慢经营出一片雅洁明净的空间氛围来。

杭州　西湖　净慈寺茶会
2019 年 9 月 22 ～ 25 日

小园

中国画的空间意识是音乐性的，中国画的空白在画的整个意境上并不是真空，乃是天地灵气往来，生命流动之处。清初画家笪重光说："虚实相生，无画处皆成妙境。"

中国的园林以素壁为背景，粉墙花影，宛若图画。

郑板桥这样描写一个院落："十笏茅斋，一方天井，修竹数竿，石笋数尺，其地无多，其费亦无多也。而风中雨中有声，日中月中有影，诗中酒中有情，闲中闷中有伴，非唯我爱竹石，即竹石亦爱我也。彼千金万金造园亭，或游宦四方，终其身不能归享。而吾辈欲游名山大川，又一时不得即往，何如一室小景，有情有味，历久弥新乎！"

由此可见，这个小天井，给画家郑板桥带来诸多丰富的感受！园林美学家陈从周说："园之佳者如诗之绝句，词之小令，皆以少胜多，有不尽之意，寥寥几句，弦外之音犹绕梁间。"

我们现在的居住环境，绿地不多，但房子旁边还是有些小小的空地，住在楼上的人，也有阳台、窗台能够运用，我们可以效法园林美学，在"小中见大"，种些有姿态的花木，以有限的面积，来创造无限的空间。

窗景

老子说："凿户牖以为室，当其无，有室之用。"房子真正有用的地方在于室内的空间。室内的空间由天、地、壁构成——天花板、地板和墙面，墙面上有开窗和出入的门。一切生命的韵律、生活的节奏全都由这个虚空的"无"而生。

宋朝的大画家郭熙论山水画说："山水有可行者，有可望者，有可游者，有可居者。"

美学家宗白华这样描述园林里的窗景："可行、可望、可游、可居，这也是园林艺术的基本思想。园林中也有建筑，要能够居人，使人获得休息。但它不只是为了居人，它还必须可游，可行，可望。'望'最重要。一切美术都是'望'，都是'欣赏'。不但'游'可以发生'望'的作用，就是'住'，也同样要'望'。窗子并不单为了透空气，也是为了能够望出去，望到一个新的境界，使我们获得美的感受。窗子在园林建筑艺术中

起着很重要的作用。有了窗子，内外就发生交流……每个窗子都等于一幅小画（李渔所谓'尺幅窗，无心画'）。而且同一个窗子，从不同的角度看出去，景色都不相同。这样，画的境界就无限地增多了。"

我们住在大城市中的人，和大自然的距离很遥远，但是透过窗子，还是可以与它亲近。如果从窗子看出去，有远山、有公园、有行道树，甚至只有一棵老树，都是十分珍贵的绿意，我们应该想办法把它引进室内来。如果望出去视野纷乱，影响美感，就用竹篱、木窗、卷帘等手法屏挡或者局部遮掩起来，这样保留了自然光和通风，而视线所到的地方都很清爽，没有杂物。颜色雅素的环境，任何色调的茶席都会很出色。

家具与花木

品茶的空间设计以家具为主，花木为辅。花木带给我们清新自然的气息，是营造情境、表现季节感最好的素材。由于季节不同，从户外的景致到茶席布置，以及

野泉烟火白云间，坐饮香茶爱此山。
岩下维舟不忍去，青溪流水暮潺潺。

———— 灵一

整体空间气氛的创意构思，都会有明显的不同。

陈设家具，不在多而在精，贵在与空间协调，摆放有疏有密，就会显得雅致舒服。各种形状、质地、大小、高低的桌子都可以品茶。茶席随着桌面的条件设计、调整，十分灵活，不是一成不变的，它的美感可以是千变万化的。

画中游

我们有时不用桌椅，把茶席直接铺设在地板上，这种方法使得茶席的空间不受桌面局限，自由变化的可能性更大，十分有乐趣。尤其在外出的时候最方便，随处都能品茶，有如古画《卢全烹茶图》中的意境。这幅画可能是晚明的作品，而题上宋人钱选的名字。画中幽雅清静的品茶环境，呈现了晚明文人潇洒怡然的生活情景。寻找一个意境幽远的山光水色之处品茶，是宋、明绘画里常见的画意，我们也可以如同画中人这样品茶，享受自然的风光与生活的情趣。

茶席

轩外花影移墙，峰峦当窗，
宛然如画，静中生趣。

—— 陈从周

　　营造茶席的空间，就像经营一片画意，为品茶增加许多滋味，不只可以自得其乐，还可以引人入胜。布置一个宁静幽美的茶席来招待客人，可以让客人在享用茶汤之前，先浸润在舒服的氛围里，把心情从匆忙的节奏感里沉淀下来，再细细地品尝茶汤，就更能享受品茶的情趣。

　　我们待客的真心诚意应该表达在茶汤的美味之中。当我们设计茶席的时候，不能只注重视觉的好看而忽略了茶汤的深度。茶具的选择与搭配应该要考虑实用性，能泡出令人感动的茶汤，才是好的茶具，有生命的茶具。茶具的摆设要注意合理、顺手好用的原则，使泡茶的动作能够流畅无碍，感觉才会自然大方。

　　布置茶席的时候，要考虑色彩、材质、造型的要素，把不同的茶具、茶巾、茶盘、茶花调和成一个整体的、幽美的画意，具有和谐的层次感。培养这种能力的方法，就是要实际动手做，一边做一边构图，做得多，灵感便会源源不断地涌出来。一个具有魅力的茶席，就像一栋出色的建筑物，它的空间机能性与优雅是并存的。

搭配茶具与设计茶席时，想兼顾实用的功能性与美感，并不是一件容易的事，需要平日的养成，不是一蹴可几的。如果我们是初学者，最好的态度是抱着游戏的心情，依照简单的原则，一步一步踏实地做，渐渐就能累积经验，而体会出其中的奥妙与乐趣，这个过程就是创造的秘密。

挑选茶具的时候，很重要的原则，是依自己的喜爱来决定。选择颜色单纯、式样简单而实用的款式，不但好用，又容易搭配。只买现在需要的，不要多买，够用就好了。要点是多看而少买，我们的眼力会随着时间与经验而提高，当初认为很漂亮的茶具，也许并不耐看，或者不实用，眼力得在实际体验的过程中培养。在这个过程中，我们放掉速成的心态，踏实而轻松地渐进，慢慢就会发现只凭肉眼不容易察觉的地方，逐渐了解以前看不见的美感。做得越多体会也会越多，美感的经验是无法从概念上获得理解的。

杭州　西湖　净慈寺　静心茶会
2019 年 9 月 23 ～ 26 日凌晨 4 点

茶具的选择与搭配

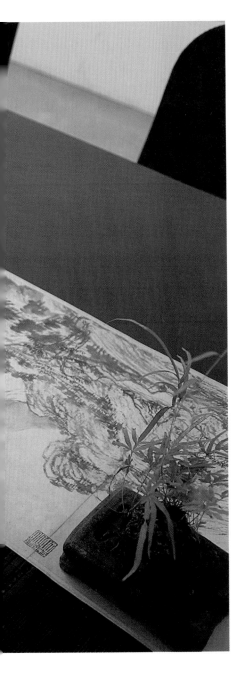

　　茶具的选择与搭配实在变化多端，奥妙无穷，十分有趣。因为它所牵动的细节很多，所以没办法简单地做什么定论。

　　从最宽广的层次来看，所有的茶具都有它的局限性，同时，也有它的可能性。我们常用一句似非而是的话来讨论这种情况：有局限才有创造。当然，这主要是针对有功底的玩家而言，或者愿意下功夫的人而言。

　　许多玩伴本着实事求是的精神，带起一股探寻各种可能的朝气，这常常颠覆了我们过往的品茶经验。有时从并不是什么名贵的茶壶中泡出令人惊叹的茶汤，有时从看起来不香的茶杯中飘散出神秘而又奇妙的幽香……使得我们不断地拓展我们的视野与心胸。

　　我们搭配茶具的时候，通常会从泡什么茶开始想。把茶泡得很好喝，发散出叫人感动的魅力，永远是茶主人最核心的课题，那也是和我们一起品茶的朋友最期待的事。

　　我们先选好茶叶，然后依照茶性和自己喜爱的口味，挑选最适合的茶壶、茶杯和茶盅。

其实除了茶壶外，盖杯也经常被用来泡茶。而茶壶，又有瓷壶、陶壶、宜兴紫砂壶等等不同材质的，它们泡茶的效果都不相同，各有各的优点。我们可以用同样的茶叶做对照，分别以盖杯、瓷壶、陶壶、紫砂壶来泡茶，仔细比较茶汤的风味后，铭记在心上，以后便可以随着心情、季节的温度、各种茶叶的特质，灵活地选择不同的茶具来使用，以求达到最满意的效果。

即使同样是紫砂壶或瓷壶，由于茶壶的大小、器形、胎土厚度等等因素的差异，每一把壶泡出来的茶汤滋味又都不一样。如果我们试一试，用同样的杯子品尝，而用两把紫砂壶泡同样的茶叶，就可以感觉出茶汤的风味有明显的差别。

茶杯对于茶汤的香气和滋味的影响也是很大的，茶杯的力量足以改变茶汤的风味。假如我们用同一把壶泡同样的茶叶，而用两组不同的杯子来品尝，茶汤的风味应该就不同了。这个法则，在换了茶盅的时候，也是一样的。

换句话说，茶壶、茶杯、茶盅共同缔造茶汤的风味，每一件茶具的特质都直接

日本　京都　锦水亭茶会

2000 年 4 月 3 日

影响茶汤最后的风貌。我们在搭配茶具的时候，多做一些对照的功夫，就可以找到茶叶和茶具之间最和谐的关系。不过记得，每次只能更动一个条件，才能得到清楚的印象，否则感觉就会模糊不清。

在搭配茶具时，还要考虑品茶的人数多寡，茶壶所泡出来的茶汤，和茶杯的数量、容量、比例要相当。

泡淡茶时，搭配大点的杯子，喝起来比较有满足感；泡浓茶时，适合选用小杯品啜。

道元禅师（1200—1253）在中国习
禅多年后回到日本，有人问他在中
国学到了些什么。他回答："无他，
唯柔软心尔。"

——铃木大拙

宜兴紫砂壶

泡乌龙茶，一般而言，还是宜兴紫砂壶最合适。

宜兴，古名荆溪、阳羡，是江苏省南边的一个城市，位于长江三角洲的太湖西岸，数百年来以制造紫砂壶而闻名于世。

制作紫砂壶的泥料，是宜兴特有的一种陶土，产于宜兴南部的丘陵山区。紫砂之所以称为"砂"，是因为这种泥料开采出来时呈块状，大小不一，经过数月的风吹日晒自然风化后，变成砂粒状，用这种砂粒加水拌和的泥制成的壶就叫砂壶，胎土具有特殊的粒子感，即使土质练得很细，在细腻的外表下，仍然看得见漂亮立体的粒子感。

紫砂泥土质细腻，泥坯韧度高，含铁量大，可塑性佳，干燥后的收缩率小，产品不容易变形，还具有不烫手的优点，适合制作精巧的茶壶。紫砂泥是一种不能用水直接调稀的陶土，所以不能以手拉坯或注浆法成形，必须用手捏造成壶形，宜兴工艺师则以泥片镶接的方法制作紫砂壶。

紫砂陶土以1050℃至1200℃的窑火烧成后，吸水率小于2%，透气性介于一般的陶土与瓷土之间。紫砂的气孔分成闭口气孔和开口气孔两种，这种特殊的结构，使得它具有良好的透气性。大部分的宜兴茶壶素身无饰，单看外形和胎土的质地已深具美感，淳朴大方，别有风格。素净的胎土保留了泥质吸附

碧山深处绝纤埃，面面轩窗对水开。

谷雨乍过茶事好，鼎汤初沸有朋来。

——文征明

气味的性能，泡茶时，便会把茶香和茶味贮留下来。紫砂壶的胎土遇热时，气孔微开，便把胎土内贮藏之物吐出来。贮存的是茶，就会吐茶香；贮存的是杂味，就会吐杂味。通常这种贮换作用是同时进行的，所以一把仔细保养的紫砂壶，可以使泡茶的效果越来越好。经年使用、日加擦拭的紫砂壶，表面会泛出一层光泽，莹润古雅，令人喜爱；内壁则日久积聚成一层茶渍，泡茶的滋味就更为醇厚。

紫砂泥料主要分成紫泥、朱泥和本山绿泥（又名段泥）三种，而以紫泥为主，习惯上统称"紫砂"。三种泥料都可以单独用来做壶，而若互相掺和，便可以变化出一系列不同深浅的褐色、红色和黄褐色调。

选壶

我们在挑选一把新壶的时候，首先应该考虑的是壶的机能性。而我们每个人的手，大小、长短、胖瘦都不同，选壶的时候，自己的手握起来，感觉合不合用，也是需要考虑的重点。

一把壶提起来，重心要稳，顺手好用是最基本的条件。有些壶的把手不好握，或者重心往前倾，难以操作，就不是理想的壶。在壶里注满水后，能够以单手平平提起来，缓缓倒水，出水的感觉很自在顺手，就表示这把壶的重心适中、稳定。

一把好壶的壶盖与壶口的密合度要高，先在壶里注入八分满的水，再以手指压住壶盖上的气孔，试着做倒水的动作，如果水流不出来，便说明壶盖的紧密度很高。除此之外，壶的周身要匀称；壶口要圆；壶嘴、壶纽、壶把三点要对直，成一直线；拿掉壶盖，把壶倒放在桌面上，壶口与壶嘴要平。

壶嘴和壶身连接的地方，分为单孔和网孔两种式样。单孔壶的连接处理要平整

山村处处采新茶，一道春流绕几家。

石径行来微有迹，不知满地是松花。

——吴兆

光滑；如果是三弯流的单孔壶，一定要试试通壶嘴的动作，茶匙能够通到底的，茶叶才不会塞住壶嘴，影响出汤的时间；金属滤网有金属味，并不太理想。选用网孔壶的时候，要注意网孔是否太少或过小，这两种情况都影响出水的流速。

出汤时，水注要急、长、圆、挺，如果流速过慢，就会影响茶汤的品质。不论水注的抛物线弧度多大，都要流畅刚劲，仿佛有弹力一样；壶嘴的断水要明快干净，不滴水、不倒流。

紫砂壶的材质、胎土厚度、烧结温度、器形和容量，都会对茶汤的香气和韵味产生影响。

砂壶的土质要纯正，如果不纯正，茶汤的风味就会略为逊色。明末《阳羡茗壶系》作者周高起说："本山土砂能发真茶之色香味。"真正的紫砂壶在注入热水之后，胎体的颜色会稍微变暗，可以作为辨识的参考。

烧结温度良好的紫砂壶，胎骨坚硬，色泽滋润，传热均匀。把茶壶握在手中，再把壶盖轻轻盖上，如果壶音清扬悦耳，又略带一些弹性，便是一把烧结温度适中的壶。一般而言，声音较清脆的壶，适合泡清香的茶叶，香气会很出色；声音较为低沉的壶，则适合泡浓香的茶叶，喉韵可以表现得很悠长。而声音过于尖锐，或过于迟钝混浊，都不是理想的壶。

不同的壶形、不同的胎土质地以及厚度，可以变化出茶汤不同的风味，只要弹性地改变泡茶的技巧，便可以得到令人意想不到的效果。当我们为自己买第一把壶的时候，最好选择"标准壶"，标准壶泡什么种类的茶都合适，而且很容易泡得好喝。

标准壶的圆形壶身导热均匀，容易释放茶香、茶味，拱形的壶盖可以蓄积香气，壶嘴出汤敏捷利落。从标准壶入手，先把泡茶的基本功力练好以后，再玩其他款式的壶，展现茶汤丰富的变化，就不是很困难的事了。

新壶

新壶总是有点土味，有时还带点仓味。清除土味和杂味的简单方法是，把壶浸泡在干净的过滤水中，每天换水二次以上，大概一个星期，壶味就可以很清爽了。自己闻一闻，整把壶的土味都去除了以后，就能够用来泡茶了。偶尔有些壶的杂味特别重，需要费时久一点，慢慢处理。

用新壶泡茶，滋味显得比较单薄，香气也会有些不足，但是泡一段时间以后，茶味就会渐渐改变，越来越好，壶身也会慢慢透出一种古朴的光泽。使用的时间越久，壶身越温润古雅，泡出来的茶味越芬芳醇和，令

日本　京都　锦水亭茶会
2000 年 4 月 3 日

人珍爱。经常泡茶、把玩，眼力也就会不知不觉地提升了。

清壶

每次泡完茶，一定要清壶，才不会使壶产生杂味，导致以后泡出来的茶汤带有浊味。

清壶的时候，不能使用一般的洗涤方法，不能用清洁剂，也不能用海绵和菜瓜布来洗刷，只要用清水把壶涮干净就好了。通常我们不会把壶拿到水龙头底下清洗，自来水中的氯气会残留在胎土内，水龙头又容易撞破壶嘴、壶盖，而且用冷水清壶，壶身干燥得比较慢。

我们可以用泡茶剩下的热水来清壶。先去除壶内的茶渣，再把壶的里里外外和壶盖用滚水烫干净，然后用清洁的细棉布擦干壶身，壶的内壁不要擦，打开壶盖，放在茶席或通风的架子上阴干。不可以把壶倒覆在有杂味的桌面或器物的上面，并且要避免放在油烟、灰尘、杂味过多的地方。

如果我们喜欢壶身焕发亮润的光泽，可以在清完壶以后，趁热用柔软的细棉布推拭，壶身、壶盖、壶纽、壶耳、壶嘴、壶底，每个部位都要擦遍，整把壶的光泽才会均匀好看，这就是很多人喜爱的养壶。

各方的人们竭尽所能地想让这世界变得更好。他们的动机都很值得钦佩，然而，他们所寻求改变是外在的一切，而非他们自己。只要你自己成为更好的人，世界就会成为更好的地方。

——咏给·明就仁波切

壶承

随着口味的变化，制茶的方式渐渐改变，现在我们所饮用的乌龙茶，轻发酵的多于重发酵的，轻焙火的多于重焙火的，以致泡茶的方式也随之做了一些调整。泡茶的时候，散热的动作比较多，而淋壶的动作相对减少了。

壶承本来的功用是承接淋壶的热水。当我们以工夫茶的手法来泡武夷岩茶、凤凰单枞、木栅铁观音，或者传统制法的冻顶乌龙茶时，就不能选用浅碟式的壶承，一定要选用深腹的壶承，以便承接淋壶的热水。

淋壶的目的是为壶加温，以高温释放出茶叶的精华，所以需要高温冲泡的茶叶，才用得着淋壶这个动作。有些朋友没细查，不论泡什么茶都高温淋壶，可能喝下了不少苦水。

使用传统深腹的壶承泡茶时，要记得随手倒掉淋过壶的热

水，不要把茶壶久浸在已经冷却的凉水之中，这样做，不但使壶温下降，泡不出美味的茶汤，而且日久之后，壶身上下两截会产生不同色泽。

冲泡清香的高山乌龙、文山包种、白毫乌龙时，不用淋壶，可以自由选择各种质地、颜色、大小的壶承来做搭配，以营造茶席整体和谐的美感。

清夜焚香生远心，空斋对雪独鸣琴。
数日雪消寒已过，一壶花里听春禽。

——倪云林

汲来江水烹新茗，
买尽青山当画屏。

———— 郑板桥

盖 置

当我们泡茶，打开壶盖置茶、注水的时候，壶盖需要一个地方来放它。如果准备一个小盖置，我们会因为壶盖放得很稳定，而心中安定。

盖置的材质选用玉石、竹枝都很不错，我们要留心不能用漆、铜类等有强烈气味的材质，以免壶盖吸附了杂味。

盖置通常放在茶壶旁边，它的色彩最好能融入背景的色调，也就是与衬托在壶承下面的茶巾或茶盘的色调接近，色彩低调一点比亮丽耀眼的合适。

茶杯

茶杯的力量，足以改变茶汤的风味。

我们用不同质地、颜色、形状、大小、高低、厚薄的杯子来品茶，茶汤的香气和味道就会呈现出不同的气质，有时差距大得令人惊讶。有的杯子虽然看起来式样、颜色似乎都一样，但还有肉眼不能分辨的土质、釉料、烧结温度的细微差别，而嗅觉与味觉却辨别得出高下。

不论什么茶，若以好的杯子来品尝，茶汤的香气、汤色、滋味，都会更加细致、丰富而迷人。而什么样的杯子是好的杯子，却很难做出简单的定论。它很深奥，没有标准答案，要依我们泡什么茶，或依我们喜欢的口味来讨论。

传统工夫茶讲究使用薄瓷小杯，翁辉东在《潮州茶经·工夫茶》中说："精美小杯，径不及寸，建窑白瓷制者，质薄如

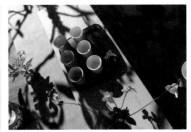

纸，色洁如玉，盖不薄则不能起香，不洁则不能衬色。"

内壁素净，比如牙白色或者青白色的杯子，可以把茶汤衬托得很清亮，刚开始品茶的朋友最好挑选这样的杯子来使用，如此不但能欣赏多样的汤色，还能借着变化多端的汤色来认识各种制造方法、发酵程度、焙火程度、储藏年份不同的茶。

有的杯子很漂亮，比如仿汝窑的杯子或柴窑烧制的陶杯，杯子本身的色彩比较重，茶汤倒进去后，会变成暗沉的浊色，这时要细心挑选茶巾的颜色，把茶汤衬托出一种古雅的色调，配色的难度比较高。

近三十年来，台湾地区发展出一种使用双杯品茶的地方特色，非常细腻，深受中外人士的喜爱。双杯，也称为对杯，由一高一矮两个杯子组成，高的杯子闻香，矮的杯子饮用，可以充分展现乌龙茶迷人的丰富层次。

然而，在茶杯的家族里，并不是所有的高杯都聚香，矮杯都不香的。高筒形的杯子也有不留香的，矮矮的宽口陶杯或小小的瓷杯也有很聚香的，我们不能单纯以

素瓷传静夜，芳气满闲轩。

——陆士修

外形来断定。

　　不论以陶土或瓷土烧制的，胎土厚的杯子都比较吸热，和薄瓷杯对照起来，茶汤的口感比较软甜。有些杯子可能由于土质和烧结温度的因素，茶汤入口的感觉粗涩、淡薄，或带有浑浊的味道。

　　与陶杯相对而言，瓷杯的密度高，茶汤比较密实、细致，香气比较高扬。但也有些杯子使茶汤呈现生硬或利口的感觉。

　　柴窑烧制的杯子变化很多，潜藏着不为人知的、迷人的可能性，有些杯子把茶汤的风味表现得十分独特而出色。

　　我们若想了解每款杯子的特质，多做对照的研究，是最简单的方法。在做比对的时候，我们还要留意茶叶的特质、置茶量、茶壶和盖杯的个性、水质的差异、水温的高低、泡茶手法的变化、季节、室温和空气湿度所带来的种种影响，一杯令人感动的茶汤，是由各种微妙的因缘和合而成的。

渔翁夜傍西岩宿，晓汲清湘燃楚竹。
烟销日出不见人，欸乃一声山水绿。
回看天际下中流，岩上无心云相逐。

——柳宗元

清洗茶杯

海绵

我们应该用柔软的海绵来清洗茶杯，不可以使用粗糙的菜瓜布。菜瓜布会刮伤瓷器表面的釉料，使茶垢越积越多。近来研发出的一种特殊的白色泡绵，去污力很强，也不适合用来清洗茶杯，它会磨损瓷器的釉料，影响表面的光泽。

清洁剂

最好选择没有添加物的天然洗涤剂清洗茶杯，一般的洗洁精都含有化学合成的香料，会影响茶味。

水槽

在空间条件充裕的情况下，清洗碗盘的水槽和清洗茶具的水槽最好分开，也就是厨房内最好有两个水槽，这样茶具才不会沾染到油腥味。

如果家中只有一个水槽，清洗茶具的时间应该与洗碗的

时间分开，清洗茶具的海绵与洗碗的也要分开。

在我们的生活空间里，如果可以辟出一间小小的水房，专门用来煮水和清洗茶具，当然是最理想的。

烘碗机

一般家用的烘碗机与冰箱的情况一样，多少会留一点食物的味道，茶杯最好不要与碗盘一块儿烘干。简单的方法是，洗完茶杯后，先用热水烫过，再让它自然风干；或用清洁的小毛巾擦干，不要用纸巾擦，以免在杯中留下纸巾的细絮。

清洗的重点

清洗茶杯最重要的部位是茶杯的口沿，一定要仔细洗干净。茶杯的内壁很容易积生茶垢，此外，茶杯的外壁由于手握的关系，会残留手渍，都应该用海绵清洗一遍，最后再用足够的清水把清洁剂冲洗干净。

空山新雨后，天气晚来秋。
明月松间照，清泉石上流。

——王维

蒲团，茗碗，相对静好。

——张萱

杯托

　　使用杯托端茶，不会烫手。乌龙茶讲究高温冲泡，小杯品啜，如果为茶杯配上合适的杯托，茶主人奉茶给客人的时候，较为方便，也显得雅致。

　　挑选杯托的重点是：杯子的大小、形状、颜色与杯托要相称；杯托的设计要顺手好拿。

　　如果茶杯放在杯托上不太稳定，就不是理想的杯托。有时杯托本身过大、过小、过于低平，都会出现这种情况。应该挑选使用起来没有负担、心里感觉很自在的杯托。

 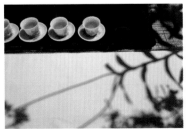

盖杯

带有盖子和杯托的盖杯，也称作盖碗，是在清代发展起来的。盖杯的口大，揭开杯盖，茶汤、泡开的叶底都能看得很清楚。我们可以用杯盖翻赶杯面浮着的茶叶，以便饮用，还可以拿起杯盖，移至鼻端闻香。杯托则可以避免端茶烫手，托着茶杯，使盖杯看起来雅致大方。

我们冲泡细嫩的绿茶时，开水的温度不宜太高，茶杯不必盖盖子，泡后若加盖，会产生熟汤气，影响茶汤的鲜爽度。冲泡乌龙茶时，开水要开，并加盖，泡后约一分钟就可以品尝了。用盖杯喝茶，一定要趁热喝完，不能久浸，才能享受到鲜爽的茶香和甘醇的口感。

我们也可以把盖杯当作泡茶的茶具，代替紫砂壶来使用，它出水快、散热快，和紫砂壶相较起来，茶汤的香气和味道略有不同。

小楼一夜听春雨，深巷明朝卖杏花。

矮纸斜行闲作草，晴窗细乳戏分茶。

——陆游

茶盅

茶盅，又称为茶海。

台湾茶道的根源是福建闽南和广东潮州、汕头一带的工夫茶，俗称老人茶。工夫茶的茶具——"烹茶四宝"（参见第181页）之中，并没有茶盅，茶盅是近代台湾茶道发展出来的茶具。

许多朋友泡茶，喜欢以点兵法出汤，把茶汤从茶壶里直接斟入茶杯，这是工夫茶的泡法，虽然出现了茶盅，而他们不用，是有道理的。茶盅对茶汤确实有些许影响。我们把茶汤先斟入茶盅，再分斟入茶杯，多了这一道过程，就会使茶汤的温度降低一点，香气和韵味也会略为逊色一点；茶盅的材质还会改变茶汤的风味。

不过茶盅也有很多好处，它不但可以综合茶汤的浓度，还可以使桌面保持干爽。同时，出汤的时候，不再需要和过去一

样忙碌地收杯，出汤的动作也不必紧张匆促，可以显得从容不迫。茶盅更使茶席突破了以往的局限，为茶席空间的开展、变化和创造的可能性奠下了基础。如果说，茶盅的出现吸引了更多女性朋友参与茶道艺术的研究，可能也不为过。

常用的茶盅有瓷器和陶器两类材质，玻璃茶盅也很常见。

陶瓷器茶盅，和茶杯的情况一样，由于土质、釉料、烧结温度的差异，而具有不同的个性。陶土烧制的茶盅又分为上釉的和不上釉的两种，不论质地如何坚硬，都具有程度不同的吸水性，会使茶汤的口感变软、饱和度稍弱一点；而瓷器的茶盅不具吸水性，则保留了比较多清扬的香气。

新的陶盅也需要经过清水处理，才能去除土味，和新壶一样，茶汤的香气与味道比较淡薄，用久了以后才会变得好喝。又由于陶器贮藏味道的特质，如果经常冲泡各种不同类别的茶叶，会使茶味混浊不清。简单地说，陶器的茶盅比瓷器的较为不便，也较难掌握，但却有表现十分出色的创作者与爱用者，令人欣赏。

无论是以"我的"心或"我"的观点去思考，

或者如窗外的山峦与天空般，广阔且开放地去体验万物，两者其实无二无别。

——咏给·明就仁波切

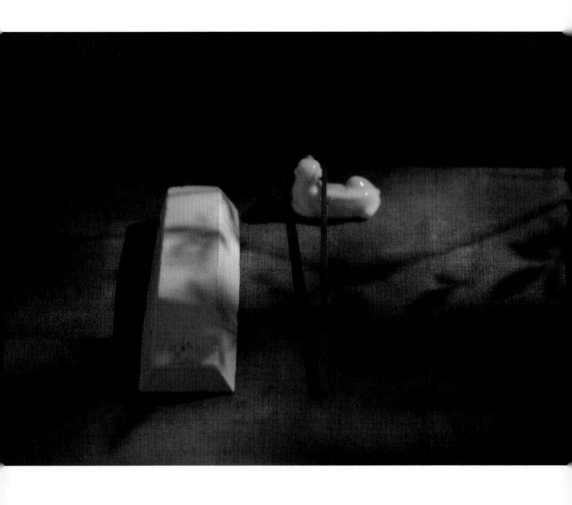

（绘画）应该从实到虚，先要有能力
画满一张纸，满纸能实，然后求虚。

——黄宾虹

茶则

取用茶叶的时候，最好使用茶则。我们的手上有手汗、护手霜之类的气味，不要用手直接拿取茶叶，以免使茶叶吸附了杂味。

茶叶的外形，有的呈球状，很紧结；有的呈条索状，十分蓬松。球状的茶叶很容易置茶，条索状的茶叶就要准备比较大的茶则才好取用。

竹下忘言对紫茶，全胜羽客醉流霞。

尘心洗尽兴难尽，一树蝉声片影斜。

———钱起

茶匙

茶匙虽然是小小的茶具，却很重要，泡茶的时候如果没有它，就很不方便。我们用它通壶嘴、散热、清茶渣，这许多事，往往一根竹枝就够用了。

茶具不需要过于繁多，可以简约，但也要够用。好用的茶匙很少，自己来制作茶匙，是一件充满乐趣的事情。

茶匙的使用很频繁，为了方便拿取茶匙，可以为它搭配一个茶匙搁。匙搁的色彩与质感最好能融入茶席的背景之中，小配件不要太突出。

小茶罐

小茶罐放在茶席上，贮藏一两泡茶叶，取用方便，不占空间，而且各种材质的小茶罐造型可爱，令人赏心悦目。

选择小茶罐，要注意它的功能性，比如有的茶罐口不够大，较蓬松的茶叶既放不进去，也倒不出来，不好用，就不要勉强，最好另作安排。

小茶罐不能保证茶叶的新鲜度，一方面因为茶叶少，容易走味，另一方面也由于盖子多半不够紧密，所以放入小茶罐的茶叶，最好尽早用完。

小茶罐的材质丰富，常见的有锡罐、木罐、竹罐、陶罐、瓷罐，变化很多。刚买来的新茶罐，可以放些茶叶在里面，吸附茶罐本身的气味，清除了这些气味之后，再来使用它。

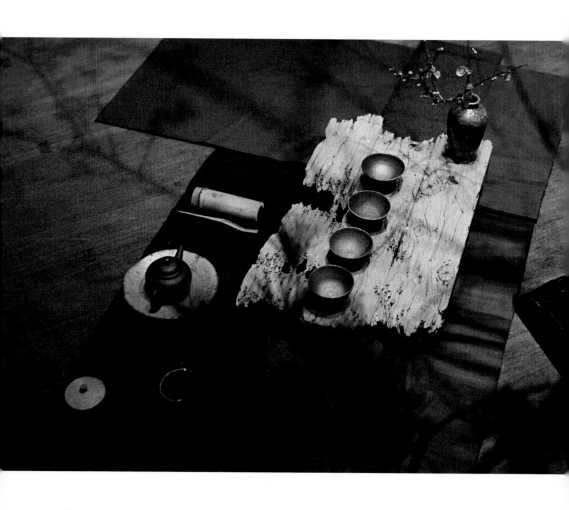

争竞非吾事，静照在忘求。

—— 王羲之

茶盘

茶盘通常作为茶壶和茶杯的托盘，有时也用来端点心，或收纳一些小茶具。

常见的茶盘，有木、竹、瓷、陶、石、铜等材质，尺寸大小不一，可以随自己的喜爱搭配。

我们可以在茶盘里面再衬上一块茶巾，使壶承和茶杯不会滑动。挑选茶巾的色彩时，要考虑的重点是，怎么把茶壶、茶杯和茶汤衬托得很出色，小心避免喧宾夺主。

园林中的大小是相对的，不是绝对的，

无大便无小，无小也无大。

园林空间越分隔，感到越大，越有变化，

以有限面积，造无限的空间。

——陈从周

茶巾

茶巾的运用是很灵活的。

茶巾搭在茶具的下面，可以衬托茶具与茶汤的色泽，搭配几种不同色彩与质感的茶巾，可以营造茶席的空间层次，表露季节感，烘托茶席的氛围。

茶巾不只能够界定茶席的场域，把各种茶具和合成一个有情感的茶席，它的色彩还可以把茶席与品茶的环境联结起来。

茶巾本来指棉、麻、丝的织物，后来竹席、草席也都被自由地搭配进来，就更加丰富了茶席的质感表现。

洁方

洁方的作用是吸去泡茶时滴沥在茶席中的茶水。

洁方不用大，而且也可以是好看的，不一定要用毛巾这种材质来做，我们可以挑选吸水的棉布来制作小洁方，感觉就会细致得多。由于自己缝制，小洁方的色彩还可以随着茶席的色调自由变换。

当我们以高温泡茶，淋过壶之后，可以把茶壶放在洁方的上面，吸去壶底的热水，再出汤，淋壶的水就不会顺着壶身而下了。

水方

泡乌龙茶的第一道步骤，是用滚水把茶具温热，去除冷气，以发散茶香。

水方用来盛放温过茶具的清水，和泡完茶后的茶渣。

如果想把水方放置在茶席中，应该选用精致的小水方，与其他茶具的色泽、材质做整体的搭配。如果需要用到稍大一点的水方，最好把它移到不太引人注意的地方，比如茶炉的后面，放的地方不要太醒目，但还是要注意顺手好用的原则。

水方的材质和色彩很多，陶瓷器比较常见。

君不见，昔时李生好客手自煎，贵从活火发新泉。

——苏东坡

煮水壶·茶炉

煮水壶

煮水壶有电壶、陶壶、玻璃壶、铁壶和银壶等。

很多朋友喜欢用铁壶煮水，觉得铁壶古朴、耐看，煮的水有甜味，不过铁壶提起来相当沉重。

银壶煮的水，味道软甜，也不重，只是价钱比较高。

陶壶煮的水，比电壶和玻璃壶煮的好喝，不重，价钱便宜。

茶炉

现代的茶炉，最方便的是电炉和瓦斯炉。使用电炉的问题是水温不容易控制得很精准，泡茶的位置也受到插座的局限，

电线拖在地板上不好看，还有绊倒人的危险。小瓦斯炉越做越精巧，火力虽然大，但不够美观，适合在户外使用。

近来很多朋友喜欢用炭火烧水，这是最好的茶炉，烧的水非常好喝，只不过起炭火很花工夫，夏天的时候感觉很热。

酒精炉的火力小，不能烧水，只具有保温的效用。好处是可以调节炉心，掌握火力的大小，控制水温，不但方便、美观，而且随处都能使用。

活水还须活火烹，自临钓石取深清。
大瓢贮月归春瓮，小杓分江入夜瓶。
雪乳已翻煎处脚，松风忽作泻时声。
枯肠未易禁三碗，坐听荒城长短更。

——苏东坡

茶花

我们在品茶的空间里插点花，会使品茶的情趣更为丰富。茶席以茶汤为中心，但是在泡茶之前，茶席的新鲜活力则来自茶花。

茶花也可以称为季节的花，最能体现节气的变换。满山的花织成了如锦的风光，花谢则是瞬间的事。它"依时来，依时去"，给我们的内心带来无常的震动。松原泰道禅师说："愈是容易凋谢的花，愈会无心而尽情地开，也因而更让人感到真实。体会到无常迅速、时不待人这种观念的人，才能认真地把自己完全融入于无常的人生真理中。"

各个城市的花期都不相同。每当我们飞到遥远的另一个城市，为茶会做准备之时，寻找茶花的花材，总是旅途里一件最叫人牵挂而又开心的事情，拜访每个城市的花园与花市，也都

梨花院落溶溶月，柳絮池塘淡淡风。

——晏殊

成为美丽愉悦的回忆。

花市是最好的色彩学教室，每个角落里都充满了迷人的香味，逛花市的乐趣无可比拟，总有让人惊喜的发现。在自己的小花圃里养出来的花花草草，姿态则最为自然。

我们在茶席中点染茶花，可以有大有小，有主有副，有前有后。苍木、石苔、水景、盆栽、折枝花，都可以随着品茶的环境空间、茶主人的喜爱与素养，自由自在地搭配，营造茶席的氛围。

茶人插花和花人插花，思考的重点不同。对茶人而言，茶花是茶席整体空间的一部分，它的色彩与线条应该要融入茶席里，与茶席协调，还要与茶汤的色彩相互辉映，使茶汤显得更为出色。插花的过程应该在茶席的空间内进行，先把花器摆在茶席里预定的地方再开始插花，花枝的方向、线条、高度、比例才能达到最美的效果。在插花的中途，我们还可以顺着花枝的线条，调整茶席的布局，移动茶具的位置，来创造空间的高低、远近、疏密的层次感。

　　插茶花时，不必用力雕琢，只要用朴素的态度来插花，让花好像生长在原来的环境中一样，以呈现花木生命的美。当我们在花园里采花，应该小心翼翼地挑选花枝，怀抱着惜福的心情剪下自己的所需，够用就好了，不要剪得比实际需要还多。当我们在水边捡石头时也一样，短时间内用不着的，就放回原处，让大自然的水泽来涵养它，留给下一位使用。我们要培养自己知足感恩的心，以后就会更有福气的。

一路经行处，莓苔见履痕。
白云依静渚，春草闭闲门。
遇雨看松色，随山到水源。
溪花与禅意，相对亦忘言。

——刘长卿

兰生幽谷中，倒影还自照。

无人作妍媛，春风发微笑。

——倪云林

花器

花器的选择十分自由，但是难在贴切，既要融入茶席，与茶席整体的质感、色彩、比例达到和谐的效果，又要托出花木的美感。

我们应该多欣赏艺术品，那是培养眼力最好的方法。在艺术的世界里有非常丰沛的养分等待我们撷取，尤其是各种艺术史和美学，可以说是个大宝库，取之不尽，用之不竭。没有任何好的创作是眼低而手高的，可是，眼高并不等于手高，知道并不代表就做得到。养成实力的唯一途径，还是多动手做，也就是平日多插花，多体验花材与花器的关系，插了花后比插花前更美、更耐看的，就是好的花器。

花器的材质十分多样，常用的有陶、瓷、竹、石、木、金属、玻璃等等，小石臼、笔筒、碗、盘、瓮、瓶、水方、竹篮，

都可以运用，只需要一点巧思，就能把手边的日用器皿转化为出色的花器了。有些祖母用过的老东西，更是十分有味道的花器，令人发思古之幽情。所谓灵感，并不是一件神秘的东西，它来自于丰富的经验，做得越多，灵感越多，到后来就会源源不绝了。

隐隐飞桥隔野烟，石矶西畔问渔船。
桃花尽日随流水，洞在清溪何处边。

——张旭

苏州 艺圃茶会 所有的茶点心，都是我们从台湾一路手提过去的。

2002 年 3 月 27 日

茶点心

日本茶道使用的抹茶，味道比较苦，所以在品茶之前，要吃一点甜的点心，以便让客人更享受茶的美味。日本的煎茶道一般泡两次，第一杯的味道鲜香甘爽，第二杯的味道甜中带涩，所以在第一杯和第二杯之间吃茶点心。

我们品啜乌龙茶，不在品茶前吃点心，也不在品茶的中途吃点心，通常在品完一壶茶之后才吃茶点心，因为点心的味道会干扰品茶的味觉。好的乌龙茶，滋味十分细腻香醇，带有活性，香气与味道富有绵密丰厚的变化，慢慢吞咽下去之后，还有悠长持久的余韵。如果茶泡得很好喝，十分喜爱茶汤留在口齿间芳香甘润的余味，舍不得吃点心，可以不吃，这种情形不会失礼的。

如果品茶的时间离上一顿用餐的时间已经很久了，贴心的

主人也会准备一些点心，在品茶前请客人享用，但吃完后，还会请客人喝些白开水，清除口腔内点心的味道，然后才开始品茶。这样就能充分享受茶汤的美味，而不受干扰了。

由于茶性助消化，空腹喝茶会伤身体，茶点心不但美味，还可以保护我们的胃部，使我们舒服地享受品茶的乐趣。茶点心，也称为茶食，充满吸引人的魅力，尤其在品过茶之后，味蕾十分敏锐，这时享用细致的茶点心，就会感觉特别好吃。

挑选茶点心的几个原则为：清淡、新鲜、原味、没有添加物。

乌龙茶与抹茶、咖啡、奶茶相对而言，比较清淡，所以点心的味道也不应该太浓重，才适合与乌龙茶搭配。清爽的风味最理想，滋味最好不要太甜，淡淡的咸味或酸味也很爽口。

只要做点心的材料选用得很好、很新鲜，以朴素的方式所做出来的点心，是我们最喜欢的茶食。不必加过多的配料，这样的茶点心保留了单纯的原味，呈现一种清淡细雅的气质，同时我们还能感受到原

料本身特有的香味。

我们应该挑选不添加人工色素、甘味、香精与防腐剂的点心，这些添加物对健康有害，并且破坏原材料的风味。好吃的点心都不能久放，要趁新鲜享用，有的只能当日做当日吃，甚至不能携带到远地。

海鲜肉类所做的零食腥味太重，与茶不合。

点心摆在点心盘里要有美感，点心不要太大，分量不用过多，不必到吃得饱的程度。点心盘的质感、色彩、形状要和点心相称，把点心衬托得很好吃的样子。依品茶的环境条件差异，我们可以用不同的方法为客人上点心，有时替每位客人准备一份点心或甜汤，有时把点心放在一个大盘子里，请客人自己取用。点心的种类从一种到数种都可以的。替客人准备必要的纸巾、小叉、小汤匙、小盘或小碗。送点心时，一般由客人的左后方送到客人的面前，如果客人正在与邻座的客人交谈，要略为耐心地等一等，不要打断客人的谈话。

一生厚福，只在茗碗炉烟。

——陆绍珩

榭篮

当品过茶之后，茶主人从榭篮里捧出茶点心来招待时，常常令许多客人很感动，不论中外朋友都经常提起，这件事让他们留下深刻的印象，感觉点心的味道特别好。

在我们小时候，以手工编织而成的美丽榭篮里面，总是藏着好吃的点心，带给我们许多欢乐的回忆。今天，我们再吃着从榭篮里面捧出来的点心，心中涌起充满感情的滋味。

榭篮也可以当作收纳茶具的提篮，放在茶席的旁边，把一些零星的小东西收在里面，使茶席看起来很清爽，没有多余的杂物，而以备不时之需的茶具、茶叶又近在身旁，很方便取用。

集

二

清晨

山色

说出我所想的

阳明山 食养山房　静心茶会

2007 年 7 月 21 日 凌晨 4 点

品茶

古人说：茶宜常饮不宜多饮，是很有道理的。每天喝点茶，对健康有很多好处，但饮茶过量则会伤身。所以我们品茶，应该喝得精，而不该喝得多。

我们品茶的功力深厚，泡茶才可能有独到的地方。泡茶的技巧老练，不论喜欢浓茶或淡茶，都泡得很好、很细致，浓茶浓得有层次，淡茶淡得有厚度，这样也就会识茶、选茶了。

精晓品茶之道的人都知道，有些事情虽然看起来不大重要，却对我们品味茶汤的敏锐度有直接影响。比如，从空气里飘过来的菜香、杂味，使用不洁的茶具，或者在品茶前吃了味道浓烈的食物，喷洒香水，等等，都会干扰我们的嗅觉与味觉，降低我们的灵敏度，使我们的判断力失去准头。

品尝热茶的要点是趁热享用。茶冷了，不但清香消散了，茶汤的和谐感也会随着温度下降而分离了。

茶泡好后，我们趁热端起茶杯，先闻闻汤面香，再观察水色的透明度。然后，喝一小口茶，同时轻轻地吸进一点点空气，让茶汤在舌尖停留一会儿，细细体会它的馨香，而后再慢慢品尝它的滋味。好的乌龙茶，第一泡、第二泡、第三泡……每一泡的香气与滋味都不相同，我们会感觉到它一直不停地、细细地变化着，就像音乐的旋律一样，非常迷人。慢慢吞咽下去后，还可以体会到悠长持久的回甘。茶喝完了，再闻闻杯底香，好茶的杯底香依旧幽幽地律动着，直到杯子凉了也不会消散，我们称之为冷香。

如果我们以双杯品茶，茶泡好后，先把茶汤斟入"闻香杯"。我们趁热端起闻香杯，先闻闻汤面香，然后把茶汤倒入"饮用杯"，再细细玩味空杯内的杯底香。接着，慢慢品尝饮用杯里的茶汤。由于没有接触到我们的口唇，所以闻香杯内茶香纯净，从热香到冷香的变化曲线令人莫测，不可捉摸，常常带给我们无法形容的感动。

明 绿茶二则

明代陆树声官拜礼部尚书，虽然官位很高，但性情恬退，深受朝野人士的敬重。他在自己的园林中筑了一间品茶的小屋，往来的朋友多半是禅僧。他在小屋里与朋友盘腿而坐，清静地谈话，煮水的茶烟若隐若现地飘散到了竹梢的外头。他著有《茶寮记》，在《尝茶》篇中写道："茶入口，先灌漱，须徐啜。俟甘津潮舌，则得真味，

杂他果，则香味俱夺。"意思是茶汤入口后，不要马上咽下去，先含在口中，让茶汤在舌尖轻轻地来回振荡，细心品尝味道之后，再慢慢吞咽，等到甘润的口水不断涌出来，涨湿舌面，就体会到真味了。如果一边品茶一边吃点心，则茶汤的香气和滋味都会被搅乱而品尝不出来了。

明末，著作《茶解》的罗廪是个文人，他的书斋在中隐山里面，附近有一片属于自己的小茶圃。每逢春夏之交，茶树发新芽时，他便亲手摘制茶叶。他在《茶解》中自述道："山堂夜坐，手烹香茗，至水火相战，俨听松涛，倾泻入瓯，云光缥渺，一段幽趣，故难与俗人言。"在《品》这节中，他强调品茶的要点是徐缓："茶须徐啜，若一吸而尽，连进数杯，全不辨味，何异佣作。"意思是好茶要慢慢品尝，如果拿起茶来，一口就吞了下去，喝得又快又急，完全没办法体会茶汤细致的风味，就太粗糙了。

清 乌龙茶二则

清代诗人袁枚著有《随园食单》，他在书中对于品尝到上等的武夷岩茶之后的感受,曾有一段生动的描述。他在《武夷茶》中写道：

> 余向不喜武夷茶，嫌其浓苦如饮药。然，丙午秋，余游武夷山，到幔亭峰、天游寺诸处，僧道争以茶献。杯小

如胡桃，壶小如香橼，每斟无一两。上口不忍遽咽，先嗅其香，再试其味，徐徐咀嚼而体贴之，果然清芬扑鼻，舌有余甘。一杯之后，再试一二杯，令人释躁平矜，怡情悦性。始觉龙井虽清而味薄矣，阳羡虽佳而韵逊矣，颇有玉与水晶，品格不同之故。故武夷享天下盛名，真乃不忝。且可瀹至三次，而其味犹未尽。

半发酵的乌龙茶制法出现以后，武夷岩茶的品质不断提高，品尝的内涵更加丰富，奠定了工夫茶兴起的基础。袁枚描述品茶使用如胡桃般小巧的茶杯，每杯茶汤不到两口的量。入口舍不得马上咽下去，先领略岩茶的馨香，而后再徐缓专注地细尝茶汤的滋味，果然清芬扑鼻，舌有余甘。慢慢品尝，令人感觉放松、平静，心情十分愉快。于是写下这篇赞赏武夷岩茶的文章，在历史上传为佳话，为人们津津乐道。

清代梁章钜是福建长乐人，曾任江苏巡抚兼两江总督，晚年因病归隐，著有《归田琐记》。他在《品茶》篇中记述：

余尝再游武夷，信宿天游观中，每与静参羽士夜谈茶事。静参谓茶名有四等，茶品亦有四等。今城中州府官廨及豪富人家，竞尚武夷茶，最著者曰花香；其由花香等而上者，曰小种而已。山中则以小种为常品；其等而上者，曰名种，此山以下所不可多得，即泉州、厦门人所讲工夫茶，号称名种者，实仅得小种也；又等而上之，曰奇种，如雪梅、木瓜之类，即山中亦不可多得。大约茶树与梅花相近者，即引得梅花之味，与木瓜相近者，即引得木瓜之味，他可类推。此亦必须山中之水，方能发其精英，阅时稍久，其味亦即稍退。三十六峰中，不过数峰有之。各寺观所藏，每种不能满一斤，用极小之锡瓶贮之，装在各种大瓶间，遇贵客名流到山，始出少许，郑重瀹之。其用小瓶装赠者，亦题奇种，实皆名种，杂以木瓜、梅花等物以助其香，非真奇种也。至茶品之四等，一曰香，花香、小种之类皆有之，今之品茶者，以此为无上妙谛矣。不知等而上之，则曰清；香而不清，犹凡品也。再等而上之，则曰甘；清而不甘，则苦茗也。再等而上之，则曰活；甘而不活，亦不过好茶而已。活之一字，须从舌本辨之，微乎微乎！然亦必瀹以山中之水，方能悟此消息。此等语，余屡为人述之，则皆闻所未闻者。

古人有诗："武夷山上多青霞，武夷道士多种茶。"武夷山茶区的僧人道士，不仅精于制茶，更精于品茶。天游观道士静参把茶品分为四等：香、清、甘、活，把好茶应具有的条件表述得简明扼要，可谓经典。茶的馨香是最动人的地方，可是香气要清纯幽雅，没有杂味。茶汤的滋味要纯净，汤色要鲜亮而清澈，香而不清的茶只不过是凡品。等而上之，茶汤要鲜爽可口，醇厚回甘，满口生津，香而不甘的茶只是苦茶而已。但绝

品的乌龙茶还有更高的层次：活。茶味要
带有活性，香气与滋味富有绵绵密密的变
化，慢慢吞咽下去后，还有悠长宛转的余
韵。这股生动的活性，是一缕幽微细致的
气韵，心情轻松、宁静，才能敏锐地体会
出来。

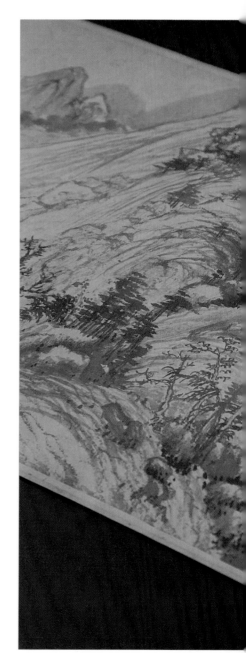

在书法上利用墨的深浅变化始于宋人，像米芾的《吴
江舟中诗》有许多字用墨甚淡，后来明末董其昌也喜
用淡墨，他们用淡墨都不是偶然，而是要加强他们要
表现的一种清新洒散的意趣。

谈到墨的浓淡的文字甚少，清代周星莲在《临池管见》
中有："用墨之法，浓欲其活，淡欲其华，……不善用
墨者，浓则易枯，淡则易薄，不数年已奄奄无生气矣。"

——熊秉明

富春山居图　黄公望

泡茶的三要素

我们喜欢茶香温暖的陪伴，很多时候，只想轻松地喝杯好茶。希望简单地泡出好喝的茶并不难，只要经过细心的练习就可以做到。

茶叶量、水温、时间，是泡茶三个变化的要素。

我们要静下心来泡茶，仔细品尝每杯茶汤的味道，留意水温和时间的影响。茶叶量的增减、水温的高低变化、浸泡的时间长短，都会马上改变茶汤的香气和滋味。

想要琢磨泡茶的技巧，最简单而有效的方法是做对照的工夫，对照的工夫做得越多，基本功越好。

下对照的工夫，要诀是连续泡两次，每次只能更动一个条件，这样感觉才会清楚，否则感觉会模糊不清。

例如，我们想试试不同的茶叶量，探索一下自己喜爱的口味和浓度。最好的方法是连续泡两三次，每次茶叶用量差别不要太大，只做一点点细微的调整就可以了，但是水温和出汤的时间都不变，也就是泡茶的手法要维持一致，才能比对前后的香气和滋味的变化，效果哪个好，有什么不同。这样获得的印象会很深刻，完全不必强记。

如果想比对水温高低的效果也是一样，必须用同样的茶叶、同样的茶具，同样的茶叶量、同样的泡茶手法来实验，才能得到清楚的印象。

　　除了茶叶量、水温、时间三个泡茶的要素之外，茶叶的水准、茶具的选择与搭配、泡茶用水、自己喜爱的口味，也都影响着一杯茶汤的风味。

　　比对的工夫是非常有趣的发现之旅，常常带给我们惊奇的经验和喜悦。工夫下得愈多，茶泡得愈好喝。

泡茶用水

明代张源在《茶录》中说："饮茶，惟贵乎茶鲜水灵。"

自古以来，中国人就很讲究泡茶用水，知道好茶要用好水泡，茶味才会甘美。明代张大复在《梅花草堂笔谈》中说："茶性必发于水。八分之茶，遇水十分，茶亦十分矣。八分之水，试茶十分，茶只八分耳。"鲜明指出水质直接影响茶汤的品质，如果水质不美，再好的茶叶也泡不出它的价值来。

唐代陆羽的《茶经》在公元 780 年刻印，是世界上第一本茶书。他在书中写道："其水，用山水上，江水中，井水下。其山水，拣乳泉、石池漫流者上；其瀑涌湍漱，勿食之……其江水，取去人远者。井，取汲多者。"陆羽指出，煮茶用水，以山泉水最好，江水次之，井水最差。山泉水又以从钟乳石滴下、在石池里经过砂石过滤的，而且是漾溢漫流出来的泉水最好。波涛湍急、瀑布飞泉的水，不要饮用。在污染少、远离人烟的地方汲取江水。在水源清洁、经常使用的活井中汲来的水，也是不错的。

陆羽对煮茶用水的论述，开创了古人论水的先河，从唐至清，延续了千年之久。历代的茶书总是把茶与水联在一起，还有许多研究水的专著，把各地的泉水做了一番品评。

品茶必须先择水、试水，各种水所含的物质不同，对茶汤品质的影响十分明显，古往今来，有过很多研究。归纳起来，古人评水，主要从水质和水味两方面来谈，好水的水质必须清、活、轻，水味必须甘、冽。

清，水质应当清澈纯净，没有杂质。

活，指流动的水，不是静止的水。

轻，水的轻、重，很类似我们今天说的软水、硬水。用软水泡茶，茶汤明亮，香味鲜爽；用硬水泡茶则相反，会使茶汤浑浊，茶味发涩、变淡。

甘，宋代蔡襄在《茶录》中说："水泉不甘，能损茶味。"

冽，是寒的意思。泉水能甘而冽，水源多半在群山环抱之中，或者潜埋在地层的深处，经过岩石的多次渗透过滤，从地表的深层沁出，所以水质特别好。明代田艺蘅在《煮泉小品》中说："泉不难于清，而难于寒。"甘冽的水最为难得。

千百年来，随着环境的变迁，水质已经起了很大的变化。最主要的问题是各种污染日渐严重，大自然本来具有的水体自净能力，已经失去了平衡，今天的江水、河水、雨水都不能随便饮用了，而有些历史上的名泉，也令人惋惜地干涸了。

我们今天用什么水来泡茶呢？

泉水

远离人烟和污染源的泉水，依旧是我们的最爱。由于水源和流经的地域不同，水的含盐量和硬度就有很大的差异，并不是所有的泉水都是泡茶的好水。在雨中取来的泉水悬浮物多，要等天气放晴后，过几日再去汲水，水才会清澈好喝。山泉水不宜放置太久，最好趁新鲜的时候煮水泡茶。

矿泉水

市售的矿泉水品牌很多，有的水中所含的微量元素对我们的健康很有益处，有的水很好喝，但是适合饮用的水不一定能发茶性，不一定适合泡茶，必须经由实际的试用和比对，才可以找出泡茶的好水。

过滤水

我们在生活中最容易取得的就是自来水，各地自来水的水质落差很大，有的地区水源遭受严重污染，已经不能饮用了，有的地区水中矿物质含量太高，虽然经过净水器处理，还是不能泡茶。即使水质良好的自来水也不能直接用来泡茶，因为水中含有消毒作用的氯气，会破坏茶香，损害茶汤的鲜爽度，一定要先过滤，才能泡茶。净水器的品牌与功能十分多样，一般都能去除氯气、杂质、微生物。使用不同品牌净水器所滤出来的水泡茶，在口感上会有些差别，可以随自己的喜爱来选择。

煮水

茶汤的风味不仅仅与水质好坏关系密切，还与煮水壶的材质、茶炉的燃料和开水沸腾的程度有关系。

陆羽在《茶经》中，对开水沸腾程度做了形象生动的描述："其沸如鱼目，微有声，为一沸。缘边如涌泉连珠，为二沸。腾波鼓浪，为三沸。已上水老，不可食也。"三沸过后的水就煮过头了。

煮水要注意辨别开水沸腾的情况，清楚地掌握水沸的程度，是为了防止水煮得"过嫩"或"过老"。过嫩和过老都不好。所谓"过嫩"，就是水温不够。所谓"过老"，有两个意思，一是指水温太高，一是指水开过了头。用温度不够的水泡茶，不能释放茶味，香气和滋味都会很单薄；水温过高的话，茶味会苦涩。而水烧得过头，则会使原来溶解于水中的二氧化碳挥发掉，水味就失去了甘鲜，泡出来的茶汤会带有滞钝的感觉，缺乏鲜爽味。

林语堂先生是福建龙溪人，工夫茶是他家乡的饮茶方式，他在《生活的艺术·茶和交友》中，对于工夫茶的泡茶情景做了一段精彩的描绘，其中用炭火煮水的部分描述得特别细腻生动：

要顾到烹时的合度和洁净，有茶癖的中国文士都主张烹茶须自己动手……烹茶须用小炉，烹煮的地点须远离厨房，而近在饮处……茶炉大都置在窗前，用硬炭生火。主人很郑重地煽着炉火，注视着水壶中的热气。他用一个茶盘，很整齐地装着一个小泥茶壶和四个比咖啡杯小一些的茶杯，再将贮茶叶的锡罐安放在茶盘的旁边，随口和来客谈着天，但并不忘了手中所应做的事。他时时顾看炉火，等到水壶中渐发沸声后，他就立在炉前不再离开，更加用力地煽火，还不时要揭开壶盖望一望。那时壶底已有小泡，名为"鱼眼"或"蟹沫"，这就是"初滚"。他重新盖上壶盖，再煽上几扇，壶中的沸声渐大，水面也渐起泡，这名为"二滚"。这时已有热气从壶口喷出来，主人也就格外的注意。到将届"三滚"，壶水已经沸透之时，他就提起水壶，将小泥壶里外一浇，赶紧将茶叶加入泥壶，泡出茶来。这种茶如福建人所饮的"铁观音"，大都泡得很浓。小泥壶中只可容水四小杯，茶叶占去其三分之一的容隙。因为茶叶加得很多，所以一泡之后即可倒出来喝了。这一道茶已将壶水用尽，于是再灌入凉水，放到炉上去煮，以供第二泡之用。严格地说起来，茶在第二泡时为最妙。

明代许次纾的《茶疏》，对煮水的燃料、煮水的方法和适宜泡茶的水沸程度都有详细的阐明，在这里与林先生的文章做一个有趣的对照：

> 火候：火必以坚木炭为上，然木性未尽，尚有余烟，烟气入汤，汤必无用。故先烧令红，去其烟焰，兼取性力猛炽，水乃易沸。既红之后，乃授水器，仍急扇之，愈速愈妙，毋令停手。停过之汤，宁弃而再烹。
>
> 汤候：水一入铫，便须急煮。候有松声，即去盖，以消息其老嫩。蟹眼之后，水有微涛，是为当时。大涛鼎沸，旋至无声，是为过时。过则汤老而香散，决不堪用。

乍看之下，这两篇文章阐述煮水的方法是相同的，但是仔细对照后，便能发觉在开水沸腾的程度上有些差别。冲泡绿茶的水温一般比较低，许次纾认为"蟹眼之后，水有微涛，是为当时"。而由林语堂先生的文中则可以看出，冲泡工夫茶所用的开水沸腾程度将届"三沸"，已达到 100℃ 左右，水温相对而言高得多了。

古人都以目测或聆听水声的方式来辨别开水沸腾的程度，使泡茶的水温恰到好处，这一点实在很不容易。北宋蔡襄在《茶录》中就说："候汤最难。"古人必须凭借丰富的经验来判断水温，今天则有温度计可以帮助我们练习，不但方便，也精准多了。等到煮水的经验纯熟了，就可以目测来辨识水温了。

煮水，除了要注意开水不能煮老之外，还要掌握水温。不同的茶类、发酵程度不同的乌龙茶、新茶、隔季的茶、陈茶，所用的水温都有些高低的差别，水温是泡好茶的关键要素，配合茶叶量的增减、浸泡的时间长短，可以变化出许许多多不同的风味来。

无有定法。名阿耨多罗三藐三菩提。

亦无有定法。如来可说。何以故。

如来所说法。皆不可取。不可说。

非法非非法。所以者何。一切贤圣。

皆以无为法而有差别。

——《金刚般若波罗蜜经》

浸泡的时间

陆树声在《茶寮记》中说："叶茶骤则乏味，过熟则味昏底滞。"冲泡绿茶，如果出汤太快的话，滋味会很单薄，而浸泡过久的话，茶汤的滋味就会闷浊而不鲜爽。张源在《茶录》中说："酾不宜早，饮不宜迟。早则茶神未发，迟则妙馥先消。"出汤的时间要掌握得恰到好处。太早，茶味还没有泡出来；太迟，则妙香已经消散了。

陆树声和张源都是明代的人，喝的是绿茶，谈的也是绿茶的冲泡方式，不过乌龙茶的冲泡原则是相同的。

乌龙茶比绿茶耐泡，冲泡的次数较多，茶汤的风味变化也比绿茶多。由于茶叶的特质和每个人口味的差别，泡茶的手法可以变化无穷，好比不同的音乐家演奏同一首乐曲，由于诠释的方法不同，而呈现出不同的情感与音乐风格。

但不论泡什么茶，如果浸泡的时间长，所浸出的咖啡碱及单宁酸就会增多，反之则较少。一般我们所用的茶叶，品质高低落差很大，高品质的茶叶，浸泡的时间稍久一点也不会太苦涩。口味重的朋友嗜好浓饮，浸泡的时间可以随喜爱稍稍加长。不过浸泡的时间过久，会使茶味闷浊滞钝而不鲜爽，清雅的香气与活性也会消散了，则是不变的法则。

好喝的感觉

我们都有一种类似的经验，每当我们喝到一杯好茶时，那种深深的满足感，可以在心情上带来难以形容的放松和平静。但是我们却没有办法清楚地解释那个味道、那个香气，总是觉得能够表达的语言实在很有限。这是由于我们的嗅觉与味觉的神经系统跟脑部的语言中枢不直接交流的缘故。它们跟管理情绪、学习和记忆的大脑区域相联结，所以，经由气味或食物的味道浮现出来的记忆影像里，经常伴随着某种情感的成分。

嗅觉是完整的味觉经验的一部分，它非常重要，它影响我们对于食物味道的反应跟判断。如果我们的鼻子不畅通，不但食物失去大部分气味，而且我们几乎无法辨认食物的味道了。

不过我们的嗅觉作用似乎时常改变，即使同一个人，对于相同气味的灵敏度及判断也常有极大的不同。当我们情绪紧张、睡眠不足、疲倦、感冒、不舒服的时候，灵敏度便会降低；刺激性强烈的食物也会使灵敏度暂时衰退，比如大蒜、生葱、香烟……都会让我们的感觉比较迟钝；而四周的光线、色彩、声音、温湿度的强弱变化，同样影响我们的感觉能力。嗅觉是一种奇特的感觉，会与其他感觉系统得到的信息联结，产生复杂的反应，使得感觉能力十分不稳定，具有善变的特质。

我们的味觉十分有趣，每个人对于味道的感觉灵敏度、判

断力也有相当大的差别。比如对于苦味和涩味，每个人的味蕾感觉区域都有点不大相同，喜爱的程度也不同。有的人不大接受苦味，有的人不大接受涩味，有的人却兼爱两者，喜爱苦涩味化开后转为甘醇的喉韵，而苦涩的浓郁度或强烈程度又因人而异。味觉的作用包含了嗅觉作用在内，所以它同样具有不稳定的特质。

由于我们的感受是这样一种千变万化的过程，所以好喝的感觉是相当主观的。

自己喜爱的口味

我们应该爽朗地追求自己喜爱的口味，也应该学习理解及尊重他人喜爱的口味，学习欣赏不同的美感。

无意识地追求自己喜爱的口味，可能会陷进难以满足的渴求中。而有意识地追求，是种自我学习的方法，并不是自我中心的行为。带着轻松的觉察泡茶，技巧自然而然就会进步。透过觉知，我们终归会发现无常的秘密与它的美。

我们经常误以为好喝的茶有个标准，这种想法有时会让我们落入矛盾与困惑之中。其实茶好不好喝，是茶汤泡得够不够水准的问题，而不是标准的问题。标准往往就只有一个，而在水准以上的好茶却可以丰盛多样，像艺术的世界一样多彩多姿。

喜爱美味本来就是我们的天性，顺着天性，以自己喜爱的口味作为记忆的基准，才能开心地学习辨别各种茶汤的滋味，熟悉泡茶的三个要素之间的平衡关系，体会出茶具和水质的差异所带来的影响。

日本禅者铃木大拙说："东方人气质中最特殊的东西，可能就是从内而不从外把握生命的能力。"了解自己喜爱的口味，并且追求自己喜爱的口味，努力研究怎样泡出自己满意的茶汤，才有来自内在的动力驱策自己下功夫，功夫做得深厚，体会的境界自然就不同。有喜爱的驱策力，学习的道路便自动在我们脚下铺展开了。

　　自己喜爱的口味并不会停留在单一而固定的滋味上，泡茶的技巧老练、经验丰富之后，感觉渐渐敏锐，品味逐渐细腻，喜爱的口味也会随之改变。

山静似太古，人情亦澹如。
逍遥遣世虑，泉石是安居。
云白媚崖容，风清筠木虚。
笠屐不限我，所适随丘墟。
独行因无伴，微吟韵徐徐。

——沈周

神秘的平衡点

　　泡茶的三个要素之间是一种动态的平衡关系，我们的乐趣及挑战便是寻求和谐而短暂的平衡。每当它们会合到某个神秘的平衡点，也就是茶叶用量、水温高低、出汤时间都拿捏得恰到好处的时候，我们的舌头便会尝到令人惊奇的茶汤。

　　叫人感到幸福的茶汤，有如优美动人的和声，许多味道流畅地混合，品尝起来，就好像是一个饱满而均衡的整体，让我们感觉到一种完全的、愉快的和谐。

　　追寻平衡点，需要微细的觉察：季节的温度、湿度，空气的流动——空间里的风速，茶具的大小、材质、形状、厚薄，用水的水质和软硬度，都在参与泡茶的协奏。情况改变时，我们要以新鲜的、适合的方式来处理，灵活地调整泡茶的手法，不能以一成不变的态度来对应，否则我们的茶汤就会失去迷人的魅力了。

　　移动的平衡点唤醒我们天生的好奇心，吸引我们进入一个寻宝的游戏，在游戏中，我们的敏锐度和弹性得以成长。

茶味的浓淡

清朝画家恽寿平说："青绿重色，为浓厚易，为浅淡难。为浅淡易，而愈见浓厚为尤难。"石青、石绿是两种国画常用的矿物性颜料，色彩非常漂亮，用这两种颜料来着色的山水画一般称作"青绿山水"，又称为"金碧山水"。恽寿平的意思是用青绿重色来表现富丽浓厚的境界容易，要表现浅淡风雅的画意就比较难。而渲染成浅淡的色调还算容易，要在浅淡里显现出深厚度则更难。

这段话用来讨论茶味的浓淡也是非常贴切的。茶的味道要泡得浓而不滞、淡而不薄，是很不容易的事。浓茶要浓到化得开，淡茶要淡到不单薄乏味，都是一种境地，除了茶叶要好，有"茶底"之外，还需要千锤百炼的功夫才做得到。

喉韵

乌龙茶的香气馥郁，芬芳持久，它的滋味浓醇鲜爽，慢慢品尝几口之后，当会满口生津，舌有余甘，回味无穷，这样的余味一般称作"喉韵"。

"韵"本来是指音韵、声韵的意思，六朝刘勰在《文心雕龙》中说："异音相从谓之和，同声相应谓之韵。"后来"韵"又用在绘画美学里，南北朝画家谢赫在《古画品录》里提出绘画的六法，"气韵生动"居于第一位。到了宋朝，则把"韵"推广到一切艺术范畴，并且不再是某种风格的作品所独有的，而是各种风格的艺术作品都可以具有的。

北宋范温对于"韵"的涵义解释为"有余意"，也就是"大声已去，余音复来，悠扬宛转，声外之音"。又说："韵者，美之极。"凡是最美的艺术作品，必定具有韵味。

韵，就是"有深远无穷之味"的意思。用"喉韵"来形容乌龙茶悠扬宛转的余味真是十分传神。

天高气肃万峰青，荏苒云烟满户庭。
径僻忽惊黄叶下，树荒犹听午鸡鸣。
山翁有约谈真诀，野客无心任醉醒。
最是一窗秋色好，当年洪谷旧知名。

——黄公望

洞见的入口

铃木大拙说："心无可奈何地埋葬在事物的二元性中，把握不到创造的奥秘，因而也埋葬在事物的表面性中。直到心摆脱了这些束缚桎梏，才会无限满足地看到整个世界。"

我们看不见自己的心，变动不定的心念上上下下，摇晃着我们的情感和情绪。

我们不大了解自己，也不大了解他人。对于他人之间的差异或相近的地方，其实也不很清晰。我们的习惯无比深刻地影响着我们看待事情的方式和反应，我们很难由一个超越的角度去思考各人的不同气质。如果我们能够增进对自己和对他人的了解，就能增进彼此之间的和睦与情谊。

我们和外界的一切接触，都是经由感官而来。我们的眼、耳、鼻、舌、身如何受到外界的引动，我们的心又是如何因这些引动而生起喜恶的反应，我们并不明了。在品茶的时候，我们向内观照，若能看见闪烁而过的感受，若能了解我们心念的运作，感官的接触就可以成为洞见的入口。

乌龙茶的特质十分迷人，不但细致、丰富，而且变化无穷。每当我们捧起一杯香气四溢的茶汤时，很自然就打开了我们的心和所有的感官。通过对汤色、香气、滋味的细细鉴赏、品尝和回味再三，我们会生起各种感受，我们在自己心中清楚地观

落日平台上，春风啜茗时。

石阑斜点笔，桐叶坐题诗。

——杜甫

察这些感受，并且思考，当一些感受在内心造成冲击时，我们便有机会了解这一连串内在情绪的变化是如何运作的。

我们学习观察自己的口感：和别人对照起来，我们喜爱浓稠的味道，还是清甜的味道？我们喜爱的口味是比较重的，还是比较轻的？对于苦涩的感受如何？接受度如何？喜爱的程度如何？我们学习观察自己的内心：对于茶汤的各种风味反应如何？自己的喜好会不会随着外在环境的影响而变换？什么味道是自己最喜欢的味道？什么香气是自己最喜爱的香气？……如此持续地观察，我们的敏锐度就会逐渐提高了，我们的感受由粗钝而变得细微了。当了解稳定地增长时，我们逐渐明了了无尽流转的自然法则，心也就越来越不会去抓取，而渐渐轻快灵活起来了。

回复柔软与敏锐的心有如孩子的赤子之心，是自在与平静的，它会自然地觉知。它不但了解自己，对于他人的不同感受与意见也很容易了解，并由此而产生真正的尊重与体贴。

茶有真味

　　如果我们喜爱茶道，却不重视茶汤的丰富性与充实性，就错过了这门艺术的重心。茶汤的美是茶道的深度与内涵。

　　茶道是生活的艺术，也是品味的艺术，而不是表演的艺术，更不是装饰的艺术。它是温柔敦厚的待客之道，是亲切地与朋友分享一杯好茶的心情。分享的时候，我们会跟一种没有条件的东西——一种心境，一种喜悦的境界联结。如果我们只关心自我表现，或者只追求漂亮的茶具和茶席表面上的美感，却疏于涵养待人接物的温柔心、体贴心，就还没有把握住茶道的精神。

　　清末民初的画家溥心畬曾说："作为一个画家，修养第一，书法第二，绘画第三。"意思是一个画家的修养境界和他的功力是艺术生命的底蕴。

　　"道艺一体"为中国的传统艺术精神。中国人一向认为艺术的境界与光辉来自于艺术家平素的精神涵养，天机的培植。而中国绘画以书法为基础，书境通于画境。中国的书法是一种类似音乐或舞蹈节奏的艺术，它具有线性美，有情感与人格的表现，是中国绘画的养分与灵魂。练习书法可以培养画家的功力。

　　我们喜爱茶道的朋友如果这么期许自己：修养第一，基本功第二，茶道第三，茶道的意境是否会自然而然地转变，逐渐往开阔、深邃而又活泼的格局拓展呢？

集

三

无穷出清新

中国是茶叶的故乡。

一千多年前，绿茶由中国传入日本。品茶的风潮伴随着禅宗思想在日本传播开来。虽然在现代中国，古代的饮茶方法已经不存在了，但日本人却把它完整地保留下来，发展为一种细腻而独特的美学仪式——茶道文化。日本美学家冈仓天心称之为"审美的宗教"。

三百多年前，红茶也由中国传入英国。英伦本岛并不生产茶叶，但是英式下午茶的情调随着大英帝国的扩张风靡全世界。在维多利亚时代，茶和名贵的银器及瓷器是财富与社会地位的标志，而在普通的家庭里，饮茶代表着有教养和懂礼貌。

今天，我们在中国台湾享受的，则是品饮乌龙茶的乐趣。

绿茶是不发酵茶，红茶是全发酵茶，而乌龙茶介于绿茶和红茶之间，是部分发酵茶，简称半发酵茶。乌龙茶的面貌丰富善变，令日本人欣喜，令英国人困惑。

无穷出清新，是两岸茶叶宝贵的特质，源源不休止的蜕变来自古老文化的美学基因。我们的民族充满了丰沛的创造力，如果我们觉知到这点，便会从心底涌起珍惜之情。

我们的茶叶品种花色繁多，常常让我们自己也眼花缭乱，更何况外国朋友。和鲜花、水果比较起来，茶叶颗粒细小，乍看之下，外形差别不大，颜色相近，很难辨认。但是仔细观察，却是千姿百态；品尝起来，香气和韵味变化万千，汤色缤纷多彩，极为好看。泡茶的方法，需要看茶泡茶，灵活地来对应。

如果我们把乌龙茶比作乐谱，茶具比作乐器，泡茶的人就好比演奏家了。有美味的水准，而又有独特风味的茶汤，就像音乐的旋律：优雅、丰富、稠密、和谐、平衡、有层次、有张力、柔美甜滑或者刚烈有劲……呈现多彩多姿的生命力，茶味总是随着茶主人的"诠释"而变幻着，由于茶主人的口味与手法不同而展露出不同的风韵。

所有的艺术，只有嗅觉和味觉的创作不能被忠实地记录下来。绘画、雕塑、建筑、音乐、戏剧、舞蹈……都可以通过影像、录音保留，可是，茶味只能被收藏在心中。正是如此，我们才能体会禅境的当下。"茶味禅味，味味一味"，茶与禅相通，在茶味的底蕴里，富含着不能言说的禅味。

百花齐放一直是我向往的，那代表智慧、创意和活力交融的境界。静心泡茶，可以活化我们的觉知与创造力，用鉴赏的态度来品茶，使我们的生命透进艺术的光彩。也许，需要花一点时间来培养我们的敏锐度和审美的品位，可是又有什么关系呢？除了短暂的生命本身之外，没有事情催促我们，我们可以慢慢玩味。

饮茶的流变

茶者，南方之嘉木也。

陆羽所写的《茶经》以这句话作为开头。

喝茶的习惯古老到无法推测究竟始于何时，只是"茶"这个字，是从陆羽时代开始使用的。中国古代对茶的称呼有十几种，有的一个字还有好几个意思，现在通用的"茶"，是在中唐以后才确立下来的。

我们觉得渴了，喝水就可以，喝茶就不光是为了解渴，而是追求一种解渴以外的东西。喝茶不像喝水，是得花工夫的，这个时候文化之芽便透露出来了。等到陆羽将它体系化时，茶可以说已经跳脱文化的萌芽期，逐渐迎向成熟期了。

茶从发现到今天，已经有四五千年的历史。最早的用途是药用、食用和祭祀用，经过长期的演变，然后变为饮用。

喝茶的习惯首先出现在茶叶的原产地四川一带，后来沿着长江移向中下流地区，逐渐发展到适合栽种茶树的江南。

两千多年前，西汉文人王褒的《僮约》，是有关饮茶的最古文献。这篇文字写于西汉宣帝神爵三年（公元前59年），文内有"烹茶尽具""武阳买茶"等语，表明西汉时代的四川已经有喝茶的时尚，而且还有专用的茶具，也有了茶市。

接下来为期约二百年的东汉，并没有出现有关茶的文献记事。魏晋南北朝的三四百年间，有一些零星的记载可以看出，茶叶生产已遍及中国东南各地，产茶区域初具规模。晋人杜育的《荈赋》，谈到了如何取水、择器，是中国的第一首茶诗。大体而言，在唐代之前，饮茶文化仅仅是萌芽期，茶风并不兴盛。

唐 煮茶

陆羽的《茶经》成书于唐至德、乾元（756—760）前后，是世界上第一本茶书。全书七千多字，先总结古代的茶事，再来有系统地说明茶叶的产地、种植与采制，详列茶具的名称、形制、材质与色彩，提出了炙茶、选水、看汤、煮茶的方法，并进而讨论饮茶的精粗之道。

北宋著名诗人梅尧臣感性地写下这样的诗句："自从陆羽生人间，人间相学事新茶。"其实茶事并非始于陆羽，但在陆羽之前的饮茶方法，则如晚唐诗人皮日休所形容的："必浑以烹之，与夫瀹蔬而啜者无异。"意思是把茶叶放进水里煮，喝的茶像蔬菜汤一样，很粗糙的。陆羽在《茶经》里也提到："或用葱、姜、枣、橘皮、茱萸、薄荷之属，煮之百沸，或扬令滑，或煮去沫，斯沟渠间弃水耳，而习俗不已。"民间一般的饮茶习俗，不但在茶里加进各种各样配料，而且煮了又煮，茶的味道就像沟渠里的废水一样，实在可惜。

陆羽在饮茶这件事上的重要性，是把它提升到"审美"的境界：他对于茶味追求"珍鲜馥烈"——香味鲜爽浓烈；追求"隽永"——滋味深长。同时还认为一"则"茶末最好只煮成三碗，若煮成五碗的话，味道就差了一些。这都表明他饮茶的目的主要在于"品茶"，用欣赏品味的态度来饮茶，把它当作一种精神上的享受，一种艺术。

有关"茶道"一词最早的文献，是皎然题为《饮茶歌诮崔石使君》的诗："孰知茶道全尔真，唯有丹丘得如此。"皎然是一位文才洋溢、心志清净淡泊、思想开阔的诗僧，也是一位茶僧，同陆羽是忘年之交，互相了解的知己。陆羽曾经写了一篇简单的自传，在自传中提到的朋友，只有皎然一人。很多人为陆羽写诗，但皎然是写得最多的人，诗的内容有寻访、送别、聚会等。有一年的重阳（九月九日），皎然在僧院与陆羽品茶，皎然题了一首五言绝句《九日与陆处士羽饮茶》："九日山僧院，东篱菊也黄。俗人多泛酒，谁解助茶香。"《唐诗三百首》辑录的《寻陆鸿渐不遇》，我们都很熟悉："移家虽带郭，野径入桑麻。近种篱边菊，秋来未著花。扣门无犬吠，欲去问西家。报道山中去，归来每日斜。"他又有一次去苏州访陆羽也不遇，再写下一首五言律诗《访陆处士羽》："太湖东西路，吴主古山前。所思不可见，归鸿自翩翩。何山赏春茗？何处弄春泉？莫是沧浪子，悠悠一钓船。"陆羽曾经住在皎然的苕溪草堂数年（有的书中记载为湖州妙喜寺），与皎然的友情最深厚，思想最接近。唐代的诗僧中，皎然的文名最高，他的诗文在他死后被皇帝下令抄写，收录在秘书监。

唐代封演写的《封氏闻见记》（约8世纪末）指出："楚人陆鸿渐为茶论，说茶之功效，并煎茶之法，造茶具二十四事，以都笼统贮之，远近倾慕，好事者家藏一副……于是茶道大行，王公朝士无不饮者。"虽然在《茶经》中并没有提到"茶道"二字，但是陆羽写书，提出品茶的鉴赏之道，从此建立了品茶艺术的传统。

中国唐、宋时代的制茶方法，以团饼茶为主流——先把茶叶制成蒸青绿茶，再拍压成团饼的形状，前后大约有一千年。因为茶叶在贮藏过程中很容易吸收水分，经过压制的团饼茶比较紧密，可以防潮。宋徽宗宣和年间（1119—1125），制茶的趋势由蒸青团茶朝向蒸青散茶转变，以便保留更多茶叶的香气。但在宋代，团饼茶的生产还是略多于散茶，直到元代，散茶才明显超过团饼茶而成为主流。

煮茶法、点茶法、泡茶法，分别代表中国唐代、宋代和明代不同的时代风格。我们现代所用的泡茶法属于晚明以后的喝法，煮茶法和点茶法在中国已经完全消失了。由于制茶的方法不断地沿革，所以饮茶的方式也随着相应调整变化；而对于香气与滋味无尽的追求，又反过来刺激制茶的方式不停地流变与创新。虽然饮茶的形式有所变异，但由陆羽觉醒的审美意识，却一直在历代的风雅人士心中回荡绵延，从而发展出一脉精微灿烂的生活美学，直到清代才开始逐渐衰微没落。

日常生活里的饮茶情调，与绘画、诗歌一样，都可以显示出一个民族的时代风尚与情感。

陆羽生在唐代开元年间（约 8 世纪的中叶），他的一生正处于禅学的黄金时代。铃木大拙博士曾说："中国人那种富有实践精神的想象力，创造了禅。"唐代茶风的形成与禅宗有密切的关联。"一日不作，一日不食"是唐代高僧百丈怀海禅师（814 年殁）的名言，百丈禅师为禅僧、禅院所定的生活规范《百丈清规》，是禅宗史上划时代的事迹。从天竺国（印度）直译过来的佛经中，我们看不到以茶礼佛的资料，但唐代禅寺之中却极重视茶礼，《百丈清规》里弥漫着茶香芬芳。百丈禅师活到九十四岁的高龄，他与陆羽是同时代的人。陆羽被智积禅师抚养长大，并在寺院里学会煮茶，他在茶道里发现了和谐的秩序。

陆羽论述煮茶的方法里，保留了习俗里用盐的习惯，但不在茶里加进任何配料。他提到后代经常讨论的问题：煮茶用水的选择和水沸的程度。

陆羽认为山泉水最好，江水次之，井水最差。山泉水又以从钟乳石滴下，在石池里经过砂石过滤的，而且是漾溢漫流出来的泉水最好。

水沸有三个阶段：第一沸如鱼目，第二沸如涌泉连珠，第三沸如腾波鼓浪。煮水要注意辨别开水沸腾的情况，掌握煮茶的节奏。

煮茶之前，饼茶必须先仔细烤好，趁热用纸袋贮藏，不要让香气散失，等冷却以后再碾成细末。

当水煮到第一沸时，在水中加入适量的盐。第二沸时，舀出一瓢水，用竹筴在沸水中绕圈搅动，再把茶则上的茶末从漩涡中心投下。到了第三沸时，水滚得像狂奔的波涛，泡沫飞溅，就用刚才舀出的那瓢水加进去止沸，使茶沉静，孕育出好喝的沫饽。酌茶时，把茶汤舀进碗里，须使沫饽均匀。沫饽是茶汤的精华，薄的叫沫，厚的叫饽，细轻的叫花。

陆羽以诗意的笔触描写茶汤带给人的美感：

> 如枣花漂漂然于环池之上；又如回潭曲渚青萍之始生；又如晴天爽朗有浮云鳞然。其沫者，若绿钱浮于水湄，又如菊英堕于鐏俎之中。饽者，以滓煮之，及沸，则重华累沫，皤皤然若积雪耳。《荈赋》所谓"焕如积雪，烨若春藪"，有之。

花很像漂浮在圆形池塘上的枣花，又像曲曲折折的水边和水洲上新生的青萍，也像晴朗的天空中鱼鳞般的浮云。沫像浮在水岸上的绿苔，又像掉在酒杯里的菊瓣。饽是沉在下面的茶渣在水沸腾时泛起的浓厚的泡沫，像耀眼的白雪。《荈赋》中说"明亮得像白雪，灿烂得像春花"，确实是这样的。

1987 年，陕西省扶风县法门寺地宫出土了一整套唐代茶具，是《茶经》刊印一个世纪之后，唐代皇帝僖宗供奉佛祖真

160

身舍利的供养物。依据茶具铭文及同时出土的《物帐碑》记载，我们得知这是皇帝的御用真品。在这套精美华丽的茶具组中，有煮茶和点茶两种形式的器物，这显示晚唐的饮茶潮流，是煮茶与点茶同时并存的情况。其中的鎏金摩羯纹银盐台，更透露茶道主流由煮茶法向点茶法过渡的期间，还保留了在茶中加盐的习惯。

宋 点茶

到了宋代，点茶法蔚为风尚，在蔡襄的《茶录》和宋徽宗的《大观茶论》里，都没有再提到加盐的事。

宋代是一个崇尚细腻的时代。宋代的山水画和花鸟画的意境，情致动人，意象丰富，静远空灵。文学方面也是，相对于唐诗的雄浑，宋诗是精致的。北宋末代的皇帝徽宗，无论是作为画家还是书法家，都是第一流的。宋代的朝廷里聚集了趣味高雅的人士。北宋四大书法家之一的蔡襄，就在出任福建转运使、负责监制北苑贡茶的时候，创造了闻名天下的小龙团，又用他著名的小楷写成了《茶录》一书，向皇帝介绍建安茶的烹点方法。

北苑不是一个地名，也不是一种茶名，宋代时，把今天福建省建瓯县的东偏北方向、凤凰山一带的茶区称为北苑。唐代的贡茶以顾渚山的紫笋茶最有名。宋代的贡茶以建安（即建瓯）的北苑茶为主。

五代十国的南唐时代，建安创设了"龙焙"，专供御用，中国著名的词人南唐李后主就曾享用过建安"龙焙"所产的贡茶。南唐降宋是在宋代开宝八年（975），宋代罢顾渚的紫笋茶改贡建安的蜡面茶，确切地说，是承继南唐的旧制。

宋太宗太平兴国二年（977），开始制造茶面印有龙凤图纹的团茶，称为"龙凤茶"。宋真宗咸平年间（998—1003），丁谓任福建转运使，负责督造贡茶，专门精工制作了四十饼龙凤团茶，仅约五斤，进献皇帝，获得皇帝的欢心。到宋仁宗庆历七年（1047），蔡襄接任福建转运使的时候，又在大龙团的基础上，制作了娇小精雅的小龙团，原来的龙凤团茶，一斤为八片，而小龙团，二十八片才重一斤（有些记载为二十片）。他采用鲜嫩的茶芽做原料，饼面上有龙凤瑞草的图案，更受到皇帝的喜爱。欧阳修的《归田录》中提到仁宗极其喜爱"小龙团"，即使是辅政的宰相也不曾下赐。只有一次赐与中书省和枢密院（宋代称为二府，是政治的最高机构）的首长和次长共八人，一府一饼，二府八人的重臣才给两饼，可见多么珍贵宝惜。一片小龙团分成四份，一个人只能分到一点点。获赐的八人，谁也没有把它研磨来喝，因为那已成了他们的传家宝，在佳客来时，便恭恭敬敬地捧出来，让他们看看。欧阳修还说，再有钱也没有办法弄到小龙团，所以，它并不是茶而是宝。

把茶饼碾磨成粉末，过罗筛细后，放入茶盏中，直接用汤瓶注水冲点的方法，称为点茶。用这种方法来评比茶叶品质的优劣、茶道艺能高下的活动，称为"斗茶"，也称为"茗战"，斗茶的风尚在宋代极为普及。

学术界一般认为斗茶是在福建兴起的，早在晚唐时期就已形成风气。苏辙《和子瞻煎茶》诗中说"君不见，闽中茶品天下高，倾身事茶不知劳"，就是说这里的斗茶。"斗茶"从字面分析，就有比高下的含意，实际上也正是如此。开始的时候，是福建茶区的茶农在采茶季节里所举行的一种娱乐活动，后来成为一种影响全国的风尚。

茶叶比赛、竞技、斗新的传统，可以追溯到中唐。白居易在当苏州刺史的任内，于宝历二年（826），题了一首七言律诗《夜闻贾常州崔湖州茶山境会想羡欢宴因寄此诗》，诗中有"紫笋齐尝各斗新"的句子。阳羡茶在唐代时是献给皇帝的贡品，其中最好的叫作"紫笋茶"。由于阳羡茶的产区跨常州和湖州两地，所以两州刺史共同担负进贡的责任。每年一到农历三月的采茶季节，官吏就聚集在两州交界的顾渚山监督制茶，并请品茶专家到茶山"境会亭"的建筑物来，招待他们，听取他们的意见，希望选出品质最好的饼茶作为贡茶。

到了北宋，范仲淹所写的《斗茶歌》中，也有"北苑将期献天子，林下雄豪先斗美"的句子。斗茶，既是斗色，也是斗品。就是在一起比试茶的品质，比试点茶的技艺，既比汤色，也比味道，最后决出品第。建安北苑茶区就是经过斗茶、品评，而精选出贡茶的。

　　《茶录》定稿于宋英宗治平元年（1064），是继唐代陆羽的《茶经》之后，最有影响力的茶书。他在书中首先提出：茶色贵白、茶有真香、茶味应甘滑。

　　在陆羽的《茶经》里，煮茶的器具称为"镂"，是一种无盖的小锅，可以目测水沸的程度。在蔡襄的《茶录》中，煮水的器具是"汤瓶"。他说："瓶要小者，易候汤，又点茶、注汤有准。"汤瓶是一种细颈、有把手、有流的煮水器。煮水的汤瓶要小，煮水不费时间，也容易注水、点茶。可是用汤瓶煮水，就看不见水沸的情况，无法"形辨"，水沸的情况只能以声音来辨别了。南宋隐士罗大经有一首描写"声辨"的诗非常生动："松风桧雨到来初，急引铜瓶离竹炉。待得声闻俱寂后，一瓯春雪胜醍醐。"当水的沸腾声像"松风桧雨"的时候，立刻把铜瓶从竹炉上拿开，等到水声沉寂以后，再把沸水冲入茶盏击打，汤面上就慢慢浮现出像春雪一样美丽的沫饽了。

　　饮茶所用的茶盏，陆羽极力推崇浙江的越瓷，蔡襄则认为福建的建盏最好。在这里，我们发现了茶对于中国陶瓷器所产生的有趣的影响，他们两个人的意见看起来好像不同，其实，都是以烘托出茶汤最美的色泽为原则的。陆羽认为青瓷是茶碗最理想的色彩，因为它使茶汤显现动人的绿色，有如"青萍"，又有如"绿苔"，反之，白瓷则让茶汤呈现淡红色，有失韵味。唐代诗人陆龟蒙在《茶瓯》诗中这样形容青瓷茶碗："岂如圭璧姿，又有烟岚色。"到了宋代，贡茶的茶色贵白，击拂烹点的茶汤沫饽有若"飞雪"，又如"积雪"，蔡襄认为应该用青黑色的建盏来衬托茶汤才最出色。建盏不仅在宋代风行中国，而且还由来华的日本昭明禅师从浙江省天目山的径山寺带去日本，被日本人称作"天目碗"，成了日本的国宝。不过，后世明代的茶人则又转为钟爱白瓷茶杯了，因为明代散茶兴起，当时人们所饮用的是与现代炒青绿茶相似的芽茶，嫩绿色的茶汤，配上洁白的瓷杯，显得清新爽目，雅致自然。明人张源在《茶录》中说："盏以雪白者为上。"意思是用雪白的瓷杯来品啜"泛绿含黄"的茶汤最美、最享受。

点茶的风潮，带动了对陆羽茶具的一些变革，除了汤瓶、茶盏之外，还有把茶汤击打出沫饽的茶具，在蔡襄《茶录》里记载的是"茶匙"，到了宋徽宗的《大观茶论》里，改用了"茶筅"。茶筅后来被日本茶道沿用八百多年，一直到今天。

《茶录》中点茶前的炙茶、碾茶和罗茶的方法是这样的：

烹点陈年饼茶时，先把茶饼放入干净的容器中，以滚沸的开水浸泡一会儿，等到茶饼表面的油膏变软后，用竹筴小心翼翼地刮去两层香膏，用茶钤挟着，在炭火上烤干水汽，然后用洁净的纸裹住茶饼，以木槌敲碎。如果是当年的新茶，就不需要这道程序。

把敲碎的小茶块放入茶碾中，快速地碾成粉末。随用随碾，茶色才会鲜白，不能过夜，否则茶色会转为昏黄。

碾好的茶还要过罗，茶罗的绢孔要细，罗出的茶就能打出沫饽；如果罗孔过粗，罗成的茶末不够细，茶末会下沉，点茶时不能与水交融，茶汤就产生不了沫饽。

蔡襄解释点茶的方法如下：

点茶的时候，茶末和用水的比例要拿捏得恰到好处。把适量的茶末舀入茶盏里，先注一点热水，把茶末调成十分均匀的茶膏，再注入热水，然后用茶匙环回击拂，打起浓厚的沫饽，到茶盏的四分满为止，如果汤面浮满鲜明如白雪一样的厚沫，看不见水痕，就是一碗极美味的茶汤了。

宋徽宗为北宋第八代皇帝，在位二十五年。他是一位多才多艺的艺术家，对于音乐、书法、绘画、诗词、品茶都十分精通，不过，却不是一个有所作为的皇帝，治国无方，生活奢侈，最后成了亡国之君。他不仅喜好品茶，而且以帝王之尊撰写了茶论。他在《大观茶论》里，对于点茶的手法有极为精细生动的描述。点茶的方法在实际操作时，只需要几分钟的时间，在如此短暂的时间里，却能够体验出这么繁琐细致的七道工序，真是无微不至了，显见他精通此道，是宋代点茶艺术的顶尖高手。他喜欢在宴请文武大臣时亲自注汤击拂，展现点茶的技艺，常常令他们赞叹不已。

北宋时期，由于北苑贡茶制度的形成，团饼茶的制作总是不断推出新花样，精心采焙制造的贡茶越来越名贵。在小龙团之后，又创制了密云龙；在密云龙之后，又创制瑞云翔龙。到了徽宗时代，贡茶的制造已经达到天下精品的巅峰。大观年间（1107—1110），再创制三色细芽及试新銙、贡新銙，这些都讲究采摘细嫩的芽尖制造。到宣和庚子年间（1120），用银丝冰芽制造的"龙团胜雪",已经细致讲究到无可比拟的地步了,有"盖茶之妙,至胜雪极矣"的赞语。明人许次纾说:"名北苑试新者,乃雀舌、冰芽所造,一銙之值,至四十万钱,仅供数盂之啜,何其贵也。"意思是"试新銙"这种茶,一小片仅仅能烹点数盏茶,而价值却高到四十万块钱,多么贵啊!

南宋建都杭州以后,日本荣西禅师二度入宋,参访出产茶叶的浙江省天台山禅寺,他在寺院中接触到朴实而有深度的禅寺点茶法。从《敕修百丈清规目录》看,在禅寺之中,凡是重要的活动场合,都要集会点茶,而且用茶是活动中相当主要的内容。圣节、千秋节、国忌日、佛诞日、佛成道日、涅槃日都有茶汤供养;当寺院内的职事变更时,也要举行饮茶仪式。在禅林寺院之中,茶是一刻都不可缺少的,茶礼构成寺院文化的重要部分,融入了寺院生活的正式仪轨里。这种寺院茶礼有非常严谨的安排,全部由专职的人员负责执行。这些都不是简单的仪式礼法,不只是点茶、奉茶、喝茶而已,在禅宗里,威仪即佛法,做法即教法,行住坐卧四威仪中,即体现着其深微妙的禅法。《百丈清规》不仅受到唐代佛教界的重视,而且历经两宋、元、明多次补充修订,成为全国寺院务必执行的常规。

南宋光宗绍熙二年(1191),荣西禅师把祥和的寺院点茶法带回日本。日本的文献中始终没有出现过制作团饼茶的记录,荣西禅师当初所带回去的"抹茶",应该是用叶茶研磨成粉末的"末茶"。后来,这种在茶盏里击拂烹点末茶的饮茶方式被日本茶道保存了下来。

荣西禅师从中国回到京都以后，以汉文写成日本的第一本茶书——《吃茶养生记》。滕军的《日本茶道文化概论》一书中有如下描述："在书中值得注意的是上卷最后的调茶一项和下卷的饮茶法一项。在这里，荣西禅师根据自己在中国的体验与见闻，记述了当时的末茶烹点法，也就是今天日本茶道所继承的饮茶法：将茶叶采摘后，立即蒸，然后立即焙干。焙架上铺上纸，火候不急不缓，终夜看守，直至当夜焙干，之后盛瓶，以竹叶压紧封口，经年不损。饮时，用一文钱大的勺子，把碾成粉末的茶放入茶碗，一碗茶放两三勺，然后冲入开水，开水量不宜多，再用茶筅快速搅动。点好的茶苦中带香，上浮一层厚沫，绿色。"

明人徐氏辑录的《蔡端明别记》里有一段记载：

> 蔡君谟谓范文正曰：公《斗茶歌》云"黄金碾畔绿尘飞，碧玉瓯中翠涛起"，今茶绝品，其色甚白，翠绿乃下者耳。欲改为"玉尘飞""素涛起"如何？希文曰善。

范仲淹的《斗茶歌》为一首脍炙人口的茶诗，蔡襄读了以后，给予很高的评价，但指出诗中有个瑕疵：当时的极品贡茶，茶色是"白色"的，不是翠绿色的。参加斗茶的茶品中要比试出贡茶，茶色当然不会是"绿色"和"翠色"的，用"绿尘飞""翠涛起"就不恰当了。这一则故事，清楚地显示出宋代绝品贡茶珍视白色的时尚。同时也让我们领悟出来，一般民间与寺院中所用的茶品，茶色应为翠绿色的，如同我们今天在日本茶道里所见的，抹茶的汤色是非常漂亮的翠绿色一样。

元代制茶逐渐以散茶和末茶为主。元人王祯《农书》（1313）中所记载的，主要是宋末元初民间的饮茶情形："茶之用有三，曰茗茶，曰末茶，曰蜡茶。"茗茶就是散茶，当时在南方已经普遍饮用了。末茶是以散茶再细磨而成的粉茶，书中说："南方虽产茶，而识此法者甚少。"蜡茶是指封蜡上贡的团饼茶，则"民间罕见之"，一般人是见不到的。这段时期，民间一般饮用散茶和末茶，而皇室还是饮用团饼茶。

明 泡茶

到了明代，团饼茶逐渐被淘汰，采摘细嫩芽叶制造散茶已是大势所趋。但正式废止奢豪的饼茶制作，使散茶的瀹饮法兴起的人是明太祖朱元璋。他在洪武二十四年（1391），下诏令"罢造团茶，惟采芽茶以进"。以往，在大多数人的观念中，始终是"蜡茶最上"，这时，散茶便摆脱贡茶的影响而全面地发展起来。

明代茶叶的制作工艺发展得很快，茶叶产区不断扩大，基本奠定了今天的茶区规模。许多原来不产茶的地方开始栽培茶树，整个南方，尤其是江南地区产茶兴盛，名品繁多。同时，因为废止建安一带的团饼贡茶,对福建茶业产生了很大的冲击。这个茶区由北苑贡茶独占的形势,转而要面对市场的行销问题,就迫使制茶的工艺必须追求创新,这便是明清时期福建发展出乌龙茶与红茶的历史背景。

明代的饮茶方式,由点茶法逐渐转变为泡茶法。明初,明太祖的第十七个儿子朱权,封宁王,写有《茶谱》(1440)。书中说他喜欢叶茶,因为叶茶合乎自然之性,然而他饮用的方法,还是把茶叶研磨成细末,在茶盏中击拂烹点。

到了弘治年间(1488—1505),邱浚在《大学衍义补》中写道:"今世惟闽广间用末茶,而叶茶之用遍于全国,而外夷亦然,世不复知有末茶矣。"这时,除了福建、广东一带的人还饮用末茶之外,人们对于末茶已经茫然无所记忆了。

明末,文震亨在《长物志》(1621)中说:"吾朝所尚不同,其烹试之法,亦与前人异,然简便异常,天趣悉备,可谓尽茶之真味矣。"明代茶叶生产发展蓬勃,饮茶方式简化,使得喝茶的风习广泛地普及到社会的各个阶层,深入了大众的生活。

陈师所著的《茶考》(1593)记载:"杭俗烹茶,用细茗置茶瓯,以沸汤点之,名为撮泡。"许次纾的《茶疏》也说:"杭俗喜于盂中撮点,故贵极细。"杭州一带的人们喜欢把绿茶放在杯中,用热水冲泡,直接饮用,称作"撮泡",这种饮茶方式以极细嫩的芽茶为上,最有名的就是清明节前采制的"明前茶"了。撮泡的喝法,到今天仍然处处可见,普遍存在于各地的生活习惯之中。

明代中叶以后，在江南，尤其是苏州一带，由于社会经济富裕，人文荟萃，文风兴盛，逐渐发展出一股风雅细致的品茶时尚，与评书、赏画、焚香、弹琴、选石等事，交织成一种儒雅闲适的士大夫生活文化。明代的大画家沈周、文征明、唐伯虎都是爱茶人，沈周的风流文采在当时极具影响力，文征明和唐伯虎画了很多品茶图，反映他们"韵远景闲，澹爽有致"的生活情趣。那股儒雅的风尚一直延续到晚明，晚明文人在纷扰的外在时局中，更加追求内在精神境界的质朴天真，许多人过着恬淡的生活，焚香品茗，悠然自得，乐天知足。如陆绍珩的《醉古堂剑扫》里所描述的意境："结庐松竹之间，闲云封户。徙倚青林之下，花瓣沾衣，芳草盈阶。茶烟几缕，春光满眼，黄鸟一声，此时可以诗，可以画。"

据万国鼎教授整理的《茶书总目提要》来看，中国的茶书，从唐代到清代，共有九十八种。其中唐和五代合起来有七种，宋代二十五种，明代五十五种，清代十一种。明代的茶书，属于明初的二种，明中期的十种，而在明晚期的一百多年间所著作的则有四十三种，所以晚明是中国茶书出版的鼎盛时期。推究原因，除了与当时的印刷事业发达有关之外，决定因素还在于茶叶生产技术的发展，以及社会的经济和文化条件兴盛。

明代的饮茶器具，与唐、宋时代最大的不同，便是茶壶与茶钟（小茶杯）。明代的茶具随着饮茶方式改变而发生很大的变化，过去饮用末茶的茶具，如茶碾、茶罗、茶筅、茶杓等等，都因为叶茶改为冲泡方式，不需要研磨击拂，而逐渐消失了。宋代的点茶法，是把茶末放入茶盏中，再用茶筅快速搅打，为了方便击拂，不让茶末或茶水外溢，所以选用比较大的茶盏。而明代的泡茶法，则把茶叶直接放在茶壶内冲泡，把茶汤斟入茶杯饮用，不再需要那么大的茶盏，所以茶杯就逐渐变小了，许次纾说："茶瓯（杯），纯白为佳，兼贵于小。"

　　唐代有句谚语："茶瓶用瓦，如乘折脚骏登高。"所谓"茶瓶用瓦"，是指用粗陶烧制的茶壶，而宜兴紫砂壶，则与一般所说的粗陶茶壶不同。紫砂茶壶，是在明代中叶以后兴起的，在茶书中最早的记载，为万历二十五年（1597），许次纾的《茶疏》："往时龚春茶壶，近日时大彬所制，大为时人宝惜。盖皆以粗砂制之，正取砂无土气耳。随手造作，颇极精工。"龚春（又作供春）和时大彬，是明代制作紫砂壶的先后两代名手，把紫砂壶的制作技艺推到炉火纯青的程度。文震亨说："茶壶以砂者为上，盖既不夺香，又无熟汤气。"李渔在《闲情偶寄》里说："茗注莫妙于砂壶，砂壶之精者，又莫过于阳羡。"阳羡是宜兴一带的古地名。自从紫砂茶壶出现以后，一直深受品茶人士的喜爱，到今天已经长达五个世纪之久了。

　　《阳羡茗壶系》（1640）的作者周高起，见过供春制作的砂壶，他在书中说："今传世者，栗色暗暗，如古金铁，敦庞周正。"张岱在《陶庵梦忆》里记述："宜兴罐以供春为上……直跻商彝、周鼎之列，而毫无愧色"，把供春制壶的成就推举得极高。闻龙在《茶笺》（1630）中记载：他的老朋友周文甫非常喜爱品茶，每天从早到晚，必在固定的时段自烹自饮六次，高寿八十五岁，无疾而终。周文甫家藏一把供春壶，"摩挲宝爱，不啻掌珠，用之既久，外类紫玉，内如碧云，真奇物也"。死时还以壶殉葬。

晚明文人已经体会到，茶壶不要太大，太大会影响茶汤的香气和味道。但在今天我们品尝乌龙茶的经验来看，多数明代出土的实物和绘画上所见到的，都还是比较大型的茶壶。茶书上所记的，也多是大壶。张谦德的《茶经》（1596）说："壶过大则香不聚，容一两升足矣。"许次纾的《茶疏》虽然写于隔年，不过对于茶壶的大小容量看法差距很多："茶注宜小，不宜甚大。小则香气氤氲，大则易于散漫。大约及半升，是为适可。独自斟酌，愈小愈佳。容水半升者，量茶五分，其余以是增减。"冯可宾写《岕茶笺》（1642）的时候，已接近明亡之际（1644），他说："壶小则香不涣散，味不耽搁；况茶中香味，不先不后，只有一时。太早则未足，太迟则已过，的见得恰好，一泻而尽。"文震亨在《长物志》中说："时大彬所制又太小，若得受水半升，而形制古洁者，取以注茶，更为适用。"由此可知时大彬所做的壶不到半升。其实他原本喜欢做大壶的，后来受到晚明文人陈继儒的影响，改做小壶。明代的一升是多少容量呢？大约等于现在的一公升，所以半升大约是五百毫升。

《阳羡砂壶图考》（1934）记："自正德以递万历所制多大壶，李茂林始制小圆式，实为阳羡小壶之鼻祖，然明人小壶多类近世所谓中壶，其真小者绝罕，自明季陈子畦辈始尝为之。"

李茂林是万历年间的人，他与时大彬都有作品传世。书中提到明末清初制作小壶的名家除了陈子畦之外，还有沈君用和惠孟臣。《阳羡砂壶图考》记惠孟臣所制作的壶"浑朴工致兼而有之，泥质朱紫者多，白泥者少，出品则小壶多，中壶少，大壶最罕"。孟臣壶深受品茶人士的喜爱，后世仿制的人很多，历代不衰。清光绪年间，金武祥著《海珠边琐》记："潮州人茗饮喜小壶，故粤中伪造孟臣、逸公小壶，触目皆是。"

明人的泡茶方式与我们现代的泡法很接近，把烧开的水倒入已放好茶叶的壶中，然后斟出饮用，这对我们来说是很熟悉的。泡茶之前要先温壶温杯，投茶量要适中，水温要适度，浸泡的时间要拿捏得恰当，也都是一样的。张源在《茶录·泡法》中这样记述："探汤纯熟便取起，先注少许壶中，祛荡冷气，倾出。然后投茶。茶多寡宜酌，不可过中失正。茶重则味苦香沉，水胜则色清气寡。两壶后，又用冷水荡涤，使壶凉洁。不则减茶香矣。罐熟，则茶神不健，壶清，则水性常灵。稍俟茶水冲和，然后分酾布饮。酾不宜早，饮不宜迟。早则茶神未发，迟则妙馥先消。"

明人采用泡茶的方法品茶，开始考究第一泡、第二泡、第三泡茶汤之间的差异。许次纾在《茶疏·饮啜》中说："一壶之茶，只堪再巡。初巡鲜美，再则甘醇，三巡意欲尽矣……所以茶注欲小，小则再巡已终，宁使余芬剩馥尚留叶中。"一壶绿茶，只能泡两巡。第一巡茶味鲜美，第二巡茶味甘醇。两巡之后，虽然叶底还有一些余味，但滋味已经不够饱满，就不要再泡第三巡了。品茶与喝茶的不同之处就在这里。喝茶是把茶当作解渴的饮料，而品茶则是用欣赏品味的态度来饮茶，把它当作一种审美的享受。

为了细细品味这种愉悦，明人主张饮茶时人数不宜过多。张源在《茶录·饮茶》中说："饮茶以客少为贵，客众则喧，喧则雅趣乏矣。独啜曰神，二客曰胜，三四曰趣，五六曰泛，七八曰施。"许次纾在《茶疏·论客》中说："三人以下，止爇一炉；如五六人，便当两鼎炉，用一童，汤方调适，若还兼作，恐有参差。客若众多，姑且罢火，不妨中茶投果。"一两位客人的时候，只起一个火炉就够了。如果有四五位客人，就要起两个火炉，由两个小童分别看顾炉火煮水。煮水候汤的工夫需要专注力，如果一个人兼顾两炉，水温就不容易掌握得恰到好处。客人再多就忙不过来了，不妨熄火吃点心吧。

适合品茶的朋友，最好是"素心同调，彼此畅适"，不拘滞于世俗的人。

适合品茶的时光，许次纾列举出来的有：心手闲适、披咏疲倦、鼓琴看画、夜深共语、明窗净几、访友初归、风日晴和、轻阴微雨、小桥画舫、荷亭避暑、小院焚香等等，另外，皓月清宵、晨光夕曦、水竹幽茂、禅榻净瓶，也都是品茶的好辰光、好情境。

晚明茶人的性格淳朴而潇洒，有如茶淡而有深味。

晚明画家李日华说："洁一室，横榻陈几其中，炉香茗瓯，萧然不杂他物，但独坐凝想，自然有清灵之气来集我身，清灵之气集，则世界恶浊之气，亦从此中渐渐消去。"

文征明画有《拙政园图》，还写有《拙政园记》，文中对于园景的描述，是简朴疏淡的风格。拙政园为苏州名园，我们现在所见到的，是在晚清时期改建后的面貌，景物繁茂，已不是当初营造的意境。《园冶》作者计成说："书房之基，立于园林者，无拘内外，择偏僻处，随便通园，令游人莫知有此。内构斋、馆、房、室，借外景，自然幽雅，深得山林之趣。"晚明很多文人在他们的书斋内过着幽恬的生活，"所居窗几明净，器物古雅，焚香瀹茗，琴书自适"。陈继儒说："余寒斋焚香点茶之外，最喜以古瓶簪蜡梅、水仙。"生活的情趣素静幽美。

张岱记他的朋友鲁云谷，是一位心胸高旷、情致丰富而又好客的医生："会稽宝祐桥南，有小小药肆，则吾友云谷悬壶地也。肆后精舍半间，虚窗晶沁，绿树浓阴，时花稠杂。窗下短墙，列盆池小景，木石点缀，笔笔皆云林、大痴。墙外草木奇葩，绣错如锦。云谷深于茶理，襟水雪芽，事事精办。相知者日集试茶。"倪云林和黄公望（大痴）都是元代的大画家，云谷所养的盆池小景很美，有如他们的山水画意境。云谷家的空间并不大，可是花木扶疏、雅致舒服，吸引张岱每天到他家品茶，谈笑风生。云谷于清代康熙年间过世，这篇文章是张岱为纪念他而写的，文中所记述的情景已是明亡以后的事了。

袁中道在《荷叶山房销夏记》中写道："中郎同诸衲聚于荷叶山房，予宿于乔木堂。早起，共聚山房前大槐树下……诸叔携茶来，共燕笑，即于松阴下午餐。饱后，穿万松中，至珊瑚林，僧能煮新茶以供。日已西，各归浴。"《再游花源记》中记述："予乃窃步驰道间，至桃花下，月色转朗耀，花香薰人，藉地而坐。顷之，文弱亦至，相顾大笑曰：已较迟八刻矣。茵花啜茗，欢笑移事。"不论与家人、禅僧共聚避暑，还是与好朋友在月色下赏花，都有佳茗相伴，大家笑语相迎，多么赏心乐事，又多么像明人的画风，充满了生动活泼的人间气息。

日本美学家冈仓天心在一百年前写《茶之书》时说："在后代的中国人看来，茶只是一种美味的饮料，而不是一种美学理念。国家的长期苦难，剥夺了他们对生活情趣的热忱。他们变得时髦了，也就是说：变得老成而又清醒。诗意的情怀令人生机勃勃，使诗人青春永驻，但是现代的中国人对这种诗情已经失去崇高的信念了。中国人成为折中家，温雅地接受世界上的种种传统。他们的茶叶带有花香，常令人惊叹赞佩。但是唐代的浪漫、宋代的茶仪，已无法在他们的茶碗中再见了。"

明代中叶以后开展出来的清恬、闲适、风雅的品茶格调，在晚明时期达到巅峰，而过了清初之后，便开始衰退。特别是在清代末年，1890年代以后，茶业一蹶不振，与中国近代的动荡战乱相应。20世纪以来，战争与革命频仍，品茶的艺术当然无从发展，而且逐渐被中国人遗忘了。《茶之书》出版于1906年，今天读来，依旧深具启发性。

工夫茶

　　喝茶，可以很简单，很随意；也可以很讲究，很徐缓细致。所谓"工夫"，是闽南方言，就是费时间的意思。散文家梁实秋先生说："喝工夫茶，要有工夫。"喝工夫茶，不像一般喝茶，是需要时间细细品味的。

　　工夫茶在清代兴起，是盛行于福建闽南和广东潮州、汕头地区的一种品茶风尚，后来随着闽粤移民传入了台湾。

　　"工夫茶"的名称有好几层含意：最早是指武夷岩茶里面一种等级非常高的茶叶。后来又指品饮工夫茶的茶具精巧考究，十分讲究泡茶的方法与功力，林语堂先生说那是"鉴赏家的饮茶"。同时，品饮工夫茶很花时间，要有闲情逸致才能从容享受。到了清中期以后，工夫茶则泛指品饮乌龙茶的方法。

　　武夷山在福建省西北部的崇安县（即今武夷山市）境内，自古以来，就是著名的山水胜地。乌龙茶的制法，发祥于武夷山。清初已有乌龙茶制法的记载，所以乌龙茶这种独特的做青工夫应该在清初之前就已经形成了。

　　武夷山产茶的历史悠久，宋代范仲淹曾有诗道："溪边奇茗冠天下，武夷仙人从古栽。"早在唐代，武夷茶就享有盛名了。宋代，"北苑"的贡茶——龙团凤饼名震天下。元代，在九曲溪的第四曲溪畔，设置了"御茶园"。直到明代初年，罢造团茶，改制散叶绿茶，从此武夷山各寺院的僧人奋起改革茶叶的制法，明万历三十年（1602），黄山茶僧从安徽引入松萝茶的制法，武夷岩茶的制作就由蒸青绿茶改为炒青绿茶。乌龙茶便是在炒青绿茶的制作基础之上，经过长时间的探索和研制而发展起来的。

清代雍正十二年（1734），崇安县令陆廷灿所辑录的《续茶经》引《随见录》说：

> 武夷茶，在山上者为岩茶，水边者为洲茶。岩茶为上，洲茶次之；岩茶，北山者为上，南山者次之。南北两山，又以所产之岩名为名，其最佳者，名曰工夫茶。工夫之上，又有小种，则以树名为名，每株不过数两，不可多得。

所以在清初时，"工夫茶"的原意是指一种武夷岩茶的名品。

《续茶经》也辑录了王草堂的《茶说》，介绍武夷岩茶的制作过程：

> 茶采后，以竹筐匀铺，架于风日中，名曰晒青。俟其青色渐收，然后再加炒焙。阳羡、岕片，只蒸不炒，火焙而成。松萝、龙井，皆炒而不焙，故其色纯。独武夷炒焙兼施，烹出之时，半青半红，青者乃炒色，红者乃焙色也。茶采而摊，摊而摝，香气发越即炒，过时、不及皆不可。既

炒既焙，复拣去其中老叶、枝蒂，使之一色。释超全诗云"如梅斯馥兰斯馨，心专手敏工夫细"，形容殆尽矣。

由此可见武夷岩茶的制作过程繁复，要把每一个步骤都掌握得恰到好处，需要精湛的技艺，花费极多的时间和精力，这正是武夷岩茶得名"工夫茶"的原因。

正式把"工夫茶"和"潮州"联结在一起的文献，是清代俞蛟的《潮嘉风月》。俞蛟在乾隆五十八年至嘉庆五年期间（1793—1800），出任兴宁县典史，《潮嘉风月》可能是他在任职期间，根据亲身经历或耳闻辑录而成的，被学界公认为有关潮汕工夫茶的最早文献。他在《潮嘉风月·工夫茶》中写道：

工夫茶，烹治之法，本诸陆羽《茶经》，而器具更为精致。炉形如截筒，高约一尺二三寸，以细白泥为之。壶出宜兴窑者最佳，圆体扁腹，努嘴曲柄，大者可受半升许。杯盘则花瓷居多，内外写山水人物，极工致，类非近代物。然无款志，制自何年，不能考也。炉及壶、盘各一，唯杯之数，则视客之多寡，杯小而盘如满月。此外尚有瓦铛、棕垫、纸扇、竹箸，制皆朴雅。壶、盘与杯，旧而佳者，贵如拱璧，寻常舟中不易得也。先将泉水贮铛，用细炭煎至初沸，投闽茶于壶内冲之；盖定，复遍浇其上；然后斟而细呷之，气味芳烈，较嚼梅花更为清绝。

这一段文字，明白指出"工夫茶"是一种泡茶的方法，仔细记录了当时潮州地区的品茶时尚。文中对于烹茶器具的描述最为详尽：有细白泥炉、瓦铛（煮水壶）、宜兴紫砂壶、青花小瓷杯和茶盘，还有垫茶壶用的棕垫，煽火用的纸扇，和夹木炭用的竹筷。茶叶使用乌龙茶，同时提到了泡茶用水、煮水、投茶、冲泡、淋壶、斟茶、品茶的流程。

俞蛟所叙述的潮汕工夫茶，在当时已经发展得十分成熟了。工夫茶，应该是延续了晚明时期以紫砂壶冲泡绿茶的品茶方式，在乌龙茶的制法出现以后，慢慢顺应着它的特质，逐渐演变、创造出来的一种品茶艺术。

《台湾通史》作者连横（1878—1936）在《雅堂文集》中，记述台湾人品饮工夫茶的嗜好，是从福建闽南与广东潮汕地区带过来的。他在《茗谈》中写道："台人品茶，与中土异，而与漳泉潮相同，盖台多三州人，故嗜好相似。"台湾的移民以福建漳州、泉州和广东潮州三个地方的人最多，所以品饮工夫茶也是闽粤移民日常生活里的一件乐事。他又说："茗必武夷，壶必孟臣，杯必若琛，三者为品茶之要，非此不足自豪，且不足待客。"

工夫茶的茶具小巧玲珑，小壶小杯有如玩具，十分考究，号称"烹茶四宝"。四宝是：玉书碨、潮汕炉、孟臣罐、若琛杯。台湾早年如果拿出烹茶四宝来冲泡武夷岩茶，就是最真诚的待客之道了。

　　品饮工夫茶，过去习惯以福建闽北的武夷岩茶和闽南的安溪铁观音为上品，广东潮安的凤凰单枞，也是潮汕地区和东南亚华侨喜爱的茶品。近年来，台湾所产的乌龙茶采制精细，种类很多，已经成为品饮工夫茶的新宠。

　　乌龙茶属于半发酵茶，在所有茶类之中，制茶的工序最多，制法最独特、最复杂，变化多端，令人惊奇。乌龙茶的品饮方法，在所有茶类之中，也是最为讲究、最耐人寻味的。当我们领略到乌龙茶的真趣，就会被这种特有的珍品征服。

烹茶四宝

玉书碨

　　是烧开水的小壶，大多为扁圆形、赭褐色的砂壶，气质朴素淡雅。水沸时，碨盖噗噗有声，犹如唤人。

潮汕炉

　　是烧开水的火炉，小巧玲珑，可以调节通风量，掌握火力大小，以木炭或橄榄核作为燃料。出产于汕头，又叫"汕头火炉"，多用细白泥或红泥制作。

孟臣罐

　　是泡茶的小茶壶，以宜兴生产的紫砂壶为贵。潮汕一带也用当地的泥料发展出手拉坯成形的"汕头壶"，有别于宜兴壶的挡坯制法。清中期以前，这一类制品往往以孟臣或逸公为名，没有作者的落款。一般潮汕壶在台湾又称"南罐"。

若琛杯

是一种白瓷反口的小茶杯，有的杯沿绘有青花线条，或在杯身内外绘有青花山水人物，杯底印有"若琛珍藏"字样。

茶的起源

茶的发现

茶的发现，起于中国。中国很多古书里都记载着一个古老的传说："神农尝百草，日遇七十二毒，得茶而解之。"

神农是中国远古时期一个母系氏族的化身，在那个时代，已经有农具和集市了。他们种植五谷，开创农业，发明医药，发现了茶的药用价值，并且开始制作陶器。这个美丽的故事，是在述说四五千年以前，大致相当于新石器时期，我们的先人就在生活经验里累积出智慧，发现茶有消炎解毒的功效，和近代科学的研究结果一样。

茶树的原乡

茶树，同其他任何物种一样，早在人类发现之前就已经存在于地球上了，根据植物学家的研究，茶树至今应该有六千万年到七千万年的历史。

中国的西南地区——四川、云南、贵州，是茶树的原乡。这一带本来终年气候炎热、雨量充沛，近一百万年来，随着喜马拉雅运动开始，地质发生了渐进而又重大的改变，高原上升了四千五百到六千米，河谷则下切了五百米，使得原来生长在这里的茶树被分割在寒带、温带、亚热带和热带的不同气候带之中，由于环境生态条件不同，茶树逐步产生了相应的演化和变种，结果使得我们今天看到的茶树类型，既有乔木型、半乔木型和灌木型的不同，又有大叶型、中叶型和小叶型的差异，并且同时生长在西南地区。

三千多年前，野生的茶树已经驯化，进入人工栽培的茶园。以后世代繁衍，由各大水系向各个方向广泛地传播开来。在漫长的种植岁月里，再经由人为的选种和培育，更增加了变异和复杂性，于是形成今天多种多样的茶树品种风貌。

据统计，中国现有茶树品种六百多种，目前生产茶叶的品种有二百五十多种，而优良的茶树品种则有一百多种。

茶叶的分类

我们的茶叶花色繁多，自古至今，由于茶区广阔，茶树品种富饶，制茶的方式不断变化，茶叶的名称多得不胜枚举，常叫人感到眼花缭乱，叹为观止。"文章、风水、茶"，生动地形容了茶叶这个领域的奥妙无穷。

我们常用的茶叶分类方法有以下几种：

制作方法

根据制作方法不同、发酵程度的差异，可分为绿茶、红茶、乌龙茶（青茶）、黄茶、黑茶、白茶、花茶等。

产地

产地不同，茶树生长的土壤特性、气候条件（日照、雨水、温度、湿度）、环境条件（纬度、海拔、坡度、坡向）都有差异，因而影响制成的茶叶品质和风韵。比如冻顶、文山、木栅、北埔等都是有名的产地。

品种

乌龙茶特别讲究茶树品种，十分重视选种，分品种制茶，经常以品种的名字为茶名。比如青心乌龙、青心大冇、铁观音、佛手、水仙等都是有名的品种。

季节

根据茶叶采制的节气与时令，分为明前茶（清明前）、雨前茶（谷雨前）、春茶、夏茶、秋茶、冬茶、冬片（冬至后）等。大部分茶叶产区都有自己特定的采摘期，台湾由于气候适宜，部分地区一年可采收六次，一般以春、冬两季的品质最好，只有白毫乌龙是夏茶。

茶形

各种茶类因制作方法及采摘部位不同而有不同的外形，常见的有条索形（如文山包种）、半球形（如早期的冻顶乌龙）、球形（如铁观音）、扁形（如龙井）、针形（如银针白毫）等。同样品种的茶青可依市场的需求，以不同的制作方法制成各种不同外观的茶叶。

海拔高度

所谓高山茶是一种泛称。在印度、锡兰等地，海拔高度要在一千二百米以上，才能称为高山茶区。但台湾的纬度较高，所以超过一千米的地方就可称为高山茶区，所产的茶叶称为高山茶。比如阿里山、梨山、杉林溪、大禹岭等，都是有名的高山茶产区。

烘焙

利用焙火程度来分类是民间一种习惯分法，并没有严格的界定。它是根据焙火的轻重将茶叶概分为青茶（生茶）与熟茶。熟茶又依火候的轻重，分为轻火茶、中火茶、重火茶。

发 酵

从茶树上采下来的鲜叶里面含有两类物质，一类无色的物质，叫做"茶多酚"；一类生物催化剂，叫做"多酚氧化酶"（就是氧化酵素），这种"酶"在高温下会失去活性。在正常的状态下，二者分开存在鲜叶里面，不会引起发酵。

发酵的原理，是鲜叶经过揉捻（红茶）或做青（乌龙茶）的工序，使叶子的细胞组织破损，茶多酚接触到酶，在酶的催化下产生氧化作用。

发酵是影响茶叶品质的关键，发酵的结果是茶叶从原本的碧绿色渐渐转变成铜红色，发酵的程度越高，茶叶的颜色越红。在发酵的过程中，还会产生馥郁芬芳的花香和水果的甜香，以及由于儿茶素减少而产生的独特的甘醇滋味。发酵程度不同，茶叶的香气与风味便有所不同。

绿 茶

绿茶是所有茶类中历史最悠久的一类，也是中国产量最多的一类茶。由于中国的生态条件和茶树品种得天独厚，加上生产历史悠久，经验丰富，采制技术精湛，制成的绿茶品质优异，在世界上享有崇高的声誉。绿茶是一个品目繁多的茶类，在所有茶类中最为突出。中国是目前世界上绿茶生产和出口最多的国家。

绿茶是不发酵茶，制造绿茶最重要的工序是"杀青"，就是利用高温破坏鲜叶中的酶，使酶失去活性，以阻止茶多酚氧化，保持叶片的绿色，形成清汤绿叶的品质特色。

中国历史上三个饮茶文化璀璨的时期——唐代（618—907）、宋代（960—1279）、明代（1368—1644），所饮用的茶类都是绿茶。

中国唐、宋时代的制茶方法，以团饼茶为主流——先把茶叶制成蒸青绿茶，再拍压成团饼的形状，其历史前后大约有一千年。因为茶叶在贮藏过程中很容易吸收水分，经过压制的团饼茶比较紧密，可以防潮。宋徽宗宣和年间（1119—1125），制茶的趋势由蒸青团茶向蒸青散茶转变，以便保留更多茶叶的清香。但在宋代，团饼茶的生产还是略多于散茶。直到元代，散茶才明显超过团饼茶而成为主流。

蒸青绿茶的制法，从唐、宋发展到元代，已经形成了一套完整的技术。制茶的演变过程，是从大饼茶到小龙团，再由小龙团到散茶，逐步地转变而来。

到了明代，团饼茶逐渐被淘汰，采摘细嫩芽叶制造散茶已是大势所趋。明太祖朱元璋于洪武二十四年（1391）下诏废团饼茶，以芽茶入贡，这个改革，促进了芽茶和叶茶的蓬勃发展。明代茶叶的制造技术发展得很快，茶叶产区不断扩大，基本奠定了今天的茶区规模。除了大量生产蒸青绿茶之外，炒青绿茶的工艺也逐渐发展成熟，后来又出现了晒青和烘青的技术。等到炒青绿茶的技术达到炉火纯青的程度之后，所制作出来的茶叶花色越来越多，就为绿茶以外的茶类打下了基础。明、清两朝在绿茶的制造基础之上，蜕变出了红茶、乌龙茶、黄茶、白茶、花茶等其他茶类。

蒸青绿茶的制法于唐、宋时代传入日本，日本到今天都还沿用这种制茶的方法，日本茶道所饮用的"抹茶"就是蒸青绿茶的一种，而中国现代所生产的绿茶则以炒青绿茶为主。

红茶

红茶是目前世界上被饮用得最多的一类茶，大部分产茶国家都生产红茶。红茶的英文名字为"Black Tea"，意思是黑茶，这是仅从红茶外表的颜色来译，不过沿用已久，已成习惯。

红茶是全发酵茶，"发酵"是制作红茶的关键程序。采回来的鲜叶，经过萎凋、揉捻的工序后，破坏了全叶细胞组织，使叶片中所含的茶多酚接触到酶，产生氧化。氧化作用使茶叶自然变色，同时风味也随之转变。当茶多酚减少了90%以上时，就形成鲜艳红润的汤色，和醇厚浓烈的滋味，茶叶的香气也转为浓郁的甜香，带有花果和糖蜜的风味。

红茶的制法由绿茶演变而来，它出现于何时，目前还没有确切的定论，有的学者认为大约在16世纪末到17世纪初之间。

小种红茶是生产历史最早的一种红茶，原产于福建省崇安县星村镇，此地所产的小种红茶品质最好，称为正山小种，或星村小种。

18 世纪中叶，在小种红茶的制作基础之上，逐渐演变产生了工夫红茶的制法。工夫红茶，是由于制作过程中加工十分精细，下的工夫很深，故得名。工夫红茶的发源地也是福建，后来传入安徽、江西等地。19 世纪 80 年代，中国茶叶是世界茶叶市场的主流商品，当时出口的茶叶以工夫红茶为主，其中又以"祁红"最富盛誉。祁红是祁门工夫红茶的简称，产于安徽，它以独特的高香称誉于世界，国际市场上称之为"祁门香"。祁红主要运销英国，出口创汇屡创新高，居当时出口红茶之首。

19 世纪鸦片战争（1840）前夕，英国殖民地印度阿萨姆地区开始产茶，茶籽、茶苗都是由中国传过去的，中国人曾经前往传授种茶和手工制茶的方法，其中包括了小种红茶的生产技术。

1872 年，威廉·杰克森（William Jackson）在阿萨姆装配了第一部茶叶滚筒机。之后，英国人就陆陆续续发明了各种各样新式的制茶机器，并且不停地改进这些机器。1876 年，乔治·里德（George Reid）发明了切茶机，把条形茶叶切成细小的碎茶，于是出现了红碎茶。红碎茶在所有茶类中，历史最短，但发展很快，经过百余年的成长，机械化生产的红碎茶已经成为今天世界上产量最多、销售量最大的一种茶类，约占红茶总产量的 60%，传统红茶约占 40%。印度是目前世界上茶叶出口最多的国家，主要出口茶类是红碎茶。

乌龙茶

乌龙茶为部分发酵茶，简称半发酵茶，是介于不发酵的绿茶和全发酵的红茶之间的一类茶，它既有绿茶鲜爽的滋味，又有红茶甜醇的特色，也称为青茶。

"做青"是使乌龙茶形成"绿叶红镶边"的特殊工夫，在同一片叶子上既有红茶又有绿茶，成为非红非绿的半发酵茶。乌龙茶独特的制法，吸取了红茶发酵和绿茶不发酵的制作原理，制作过程中既不完全破坏全叶组织，但又轻微地擦伤叶缘组织；要求细胞内含物质不完全变化，但又有一部分起氧化作用，这个过程也是形成乌龙茶品质风格的重要环节，使乌龙茶产生自然馥郁的花香，和浓醇甘爽的滋味。在做青的过程中，只要改变发酵的轻重程度，就可以变化出不同香气、汤色和滋味的乌龙茶来，所以乌龙茶是一种面貌丰富而又善变的茶类。

乌龙茶的制法，发祥于福建省武夷山。

乌龙茶起源于何时？学术界还没有定论。清初已有乌龙茶制法的记载，所以乌龙茶这种独特的做青工夫应该在清初之前就已经形成了。有的学者推估它的出现早于红茶。

乌龙茶的制作技术最为复杂，工序繁多，采制精细，在所有茶类中是最耐人寻味的一类。乌龙茶的品饮方法也最为讲究。

乌龙茶的主要产区在福建、广东、台湾。

目前，由世界茶叶市场消费的种类来看，红茶约占72%，绿茶约占 23%,其他茶类约占 5%(台湾所生产的乌龙茶占 1% 不到)。

"乌龙茶"这个名字

在台湾，乌龙茶是个我们都很熟悉但又难以简单说得清楚的名字，因为它有好几个含义，而几个意思间又有点关联，有时难免觉得缠夹不清。

首先，乌龙茶是茶叶在制作方法上的一种分类，属于半发酵茶。这是"乌龙茶"这个名字最广义的定义。

其次，乌龙也是一种茶树品种的名字。比如:"青心乌龙"，又名"软枝乌龙"，是台湾栽培历史最久、分布最广的品种，一向作为制作半发酵茶的原料。

比较复杂的是最后一点，同样都以青心乌龙的鲜叶为原料制成的茶叶，由于发酵程度和制成品的外观不同，而被赋予了不同的茶名。比如:发酵程度轻微、外观揉捻成条索状的茶叶，称为"包种茶"；在夏季采摘被小绿叶蝉叮咬过的芽叶，重发酵制成的茶叶，称为"白毫乌龙"或"东方美人"；而发酵程度比包种茶稍微重一点、外观揉捻成小小球形的茶叶，一般的习惯也称为"乌龙茶",最有名的就是"冻顶乌龙茶"和"高山乌龙茶"。

黄茶

　　黄茶起源于明末清初，虽然书中记载唐、宋时代的安徽有霍山黄芽，但那是幼嫩芽叶的天然黄色，并不是由绿茶的制法演变而来的黄茶。

　　黄茶的制法，和绿茶很接近。发明黄茶的制法可能是个偶然的结果，在制作绿茶的过程中，有时杀青后没有及时揉捻，或揉捻后没有及时干燥，堆积过久，使茶叶变黄了；有时火温掌控得不恰当，杀青温度过低，时间过长，也会使茶叶变黄。人们在饮用后感到这种变了色的绿茶味道也不错，比绿茶醇和，就由本来无意的失误转为有意改变绿茶的制法，在鲜叶杀青后，加一道"闷黄"的工序，制成了黄茶。

　　"闷黄"是形成黄茶有别于绿茶的特质的关键工序，影响闷黄的因素主要是茶叶的含水量和叶温，它是一种湿热作用，使茶叶在水和氧的参与下，产生一系列热化学反应，促使茶叶变黄。黄茶的茶汤绿中带黄，香气清鲜，滋味甜爽。

黑茶

　　黑茶属于后发酵茶，起源于11世纪左右的四川，生产历史悠久，花色品种丰富，年产量很大，仅次于绿茶和红茶，是中国第三大茶类。它是很多紧压茶的原料，制成的紧压茶形状有

篓装茶、砖茶、紧茶、方茶、饼茶、沱茶等等。黑茶是为供应
西南边区的藏族和西北边区的蒙古族、维吾尔族的日常生活所
需而生产的，所以也称为"边销茶"。

制作黄茶和黑茶的第一个步骤都是利用高温杀青，破坏酶
促作用，和绿茶的杀青完全相同。黄茶杀青后的"闷黄"和黑
茶杀青后的"渥堆"，都没有酶的催化作用参与，变色的原因是
茶多酚非酶性氧化，主要是湿热作用，也有部分微生物作用，
一般称为"后发酵"。

黑茶也是从绿茶演变而来的，"渥堆"是制成黑茶的重要步
骤，就是把揉捻好的绿毛茶堆积在潮湿的环境中进行发酵。黄
茶是绿茶和黑茶中间的过渡茶类，后发酵的程度轻微，而黑茶
堆积发酵的时间则较长。经过这道特殊的工序，茶叶的内含物
质就会发生一系列复杂的化学变化，促使苦涩味减轻，滋味变
得醇厚回甜，青草气消失了，形成独特的香气，叶色转为乌褐
油润，茶性则趋向温和、平顺。

云南普洱茶

云南普洱茶在传统制法中是以晒青绿毛茶为原料紧压成
形，并不属于黑茶类。但是多数的新茶口感浓烈刺激，要经过
长时间存放，才能让茶性在时间中自然转醇，口感稳熟，具有
陈香，而又不失活泼的韵味，一般称为"青饼"或"生饼"。后
来为了缩短普洱茶转陈的周期，云南普洱茶厂在 1973 年前后

发展渥堆制法，在鲜叶杀青后，加一道渥堆的工序，以人工发酵方式加速茶叶转熟，所制成的普洱茶通称为"熟饼"，也必须再贮放三到五年以上，滋味才会转化得稳净顺口。今天的普洱茶区，生饼和熟饼都继续在生产，但不论生茶还是熟茶，岁月才是它们最好的催化剂。

白茶

白茶是福建特产，产量非常有限。北宋时代已有关于白茶的记述，宋徽宗的《大观茶论》里提及："白茶自为一种，与常茶不同。"指出白茶是十分稀少珍贵的茶类。不过当时的白茶是否就是今天的白茶？学者有各种不同的见解，没有定论。现代白茶类创制于清代嘉庆初年（1796）前后，始于福建省福鼎县的银针白毫。

白茶制法简单，主要是晾晒、干燥两道步骤。传统制法是采摘细嫩、叶背密布茸毛的芽叶，不炒不揉，晒干或用文火烘干，使白色茸毛在芽叶外表完整地保留下来，色白如银，称为白茶。

制作白茶很重视茶树品种，大白茶是一种特殊的茶树品种，大概在咸丰七年（1857），于福鼎选育繁殖成功。这种茶树为迟芽种，茶芽肥壮，多酚类、水浸出物含量高，成品味鲜、香清、汤厚，所制成的银针白毫芽头肥壮，遍披白毫，挺直如针，色白如银，冲泡方法和绿茶大致相同，但是由于没有经过揉捻，茶汁不容易浸出，冲泡的时间最好加长。由银针白毫再逐渐发展出白牡丹、贡眉、寿眉等其他花色品类的白茶。

花茶

花茶是中国独有的一种茶，它是用清香的鲜花熏茶叶，使茶叶吸收花香而制成的花香茶，也称为熏花茶、香花茶、香片。

花茶的历史可追溯到宋代，北宋蔡襄在《茶录》中记载："茶有真香，而入贡者微以龙脑和膏，欲助其香。建安民间试茶，皆不入香，恐夺其真。"就是以一种叫"龙脑"的香料，加入茶中，来增加茶的香气。到了明代，钱椿年编、顾元庆删校的《茶谱》（1541）进一步具体记载了可熏茶的香花："木樨、茉莉、玫瑰、蔷薇、兰蕙、橘花、栀子、木香、梅花，皆可作茶。诸花开时，摘其半含半放、蕊之香气全者，量其茶叶多少，摘花为茶。花多则太香而脱茶韵；花少则不香而不尽美。"花茶较为大量地生产，是在清代咸丰年间（1851—1861），到光绪元年（1875）左右，花茶的生产已经较为普遍了。

花茶熏制的过程，是把茶叶和鲜花拌和后，让茶叶缓慢地吸收花香，然后把花朵筛出，再烘干茶叶而成。制作原理是利用鲜花吐香和茶叶吸香的特性，使得茶香和花香交融一起，形成芬芳的花茶香，而又兼有甘美的茶味。

可以熏制花茶的香花种类很多，有茉莉花、玫瑰花、玉兰花、珠兰花、柚子花、桂花、栀子花、树兰花等等。熏制花茶的茶坯主要是绿茶中的烘青绿茶，也有少量的炒青绿茶，红茶和乌龙茶熏制成花茶的数量不多。花茶中以茉莉花茶最为常见。

花茶的香气高低，取决于熏茶的香花数量，和熏花的次数。另外，茶坯和鲜花的品质也是制作上等花茶的关键要素。

乌龙茶的制作工序

制作半发酵的乌龙茶，不但需要高超的技术，更是一项辛苦万分的工作。乌龙茶的制作过程复杂奥妙，变化多端，直到目前为止，仍然必须依赖制茶师傅的经验和品位，运用传统"看青做青"的工夫，根据香气的变化来掌握制茶的流程，无法以机器来分析操作。

茶青

制作绿茶和红茶，都讲究采摘初发的嫩芽。而乌龙茶则不同，如果在春季，必须等茶树的新梢长出了五六片新叶，最顶端的芽变得很小，形成"驻芽"，不再开展新叶时，采下顶上的二至三叶。我们一般都知道，乌龙茶要采"一心两叶"，但最好的采摘期是，整个茶园的新梢大约有六成的第一叶已经成熟了，和第二叶形成"对开叶"的时候。不可过嫩，过嫩则香气低，滋味苦涩；也不可过老，过老则滋味淡薄，香气粗劣。乌龙茶浓郁的芳香和甘醇的滋味，贵在得自天然，只有当茶树芽叶长到一定的成熟阶段，它的内含物质得以充分积累和转化，再通过精湛的炒制技术，才能引发出来。

制作乌龙茶必须选择晴朗的好天气。清代茶僧释超全在

《武夷茶歌》中曾写道："凡茶之候视天时，最喜晴天北风吹，若遭阴雨风南来，香气顿减淡无味。"乌龙茶区，春天起北风则天晴，起南风则阴雨。最好的制茶师傅都是选择好天气做茶，因为遇上阴雨天，就会严重影响茶叶品质。所以制作乌龙茶，不仅要看茶做茶，还要看天做茶。

一整天中，在上午十点前采的是"早青"，露水未干，茶青的含水量较高。下午三点以后采的"晚青"，由于茶树根部的水分重新涌上来，如果在高山茶区，这段时间又经常起雾，叶片的含水量也会增高。用含水量高的茶青制茶，很难形成高扬的香气和甘醇的滋味。一般以上午十点到下午三点间采的"午青"制成的茶叶品质最好。在各个茶区，早青、午青、晚青都是严格分开制作的。

日光萎凋

鲜叶采回来以后，先薄摊在筛上，再放在太阳底下，利用日光晾晒，这一做法称为日光萎凋，又称为晒青。这个过程对乌龙茶香气的形成和能否产生醇厚的滋味关系密切。茶青经由日光晾晒，可以蒸发部分水分，青臭气随之散发，茶农称为"退青"。水分减少之后，叶质变软，引动茶青中所含的多种物质起化学变化，发酵的作用便开始了，这时茶青的清香也逐渐外溢。清初，陆廷灿在《续茶经》中曾说："凡茶见日则夺味，惟武夷茶喜日晒。"晒青是制作高品质乌龙茶的重要工序。

静置与搅拌

这个过程又称为"做青"。

做青是使乌龙茶形成"绿叶红镶边"的特殊技艺,也是形成乌龙茶品质风格的重要环节,技术性极强,难度大,需要精湛的工夫。它是一个萎凋和发酵同时进行的过程,一方面促使多酚类化合物氧化,一方面又要限制其化学变化的速度,使茶青中的内含物质缓慢地进行转化和积累。因此,做青的过程中,采取静置与搅拌结合的方式,在静与动的交替运作中,以水分的变化,来控制茶青内含物质作适度转化而达到部分发酵的 程度。

在日光萎凋之后,把茶青移入室内,摊放在筛上静置,每隔一段时间就加以翻动、搅拌。这种静置、搅拌交替的动作,使枝梗、叶脉、叶肉间的水分充分流动,均匀地发散,俗称"走水"。如果走水程度不够,就会使青臭气消退不足,茶叶的香气淡薄,滋味苦涩,带有"青味"。搅拌的动作非常巧妙,要运用灵活的手势,让茶青彼此碰撞摩擦,引起叶缘细胞损伤,产生局部氧化,使叶缘发酵变红,而叶片中间的部分仍然保持绿色。搅拌的动作,在台湾茶山,俗称"浪青"。搅拌的次数一般为五六次,每次搅拌的动作由少到多,搅拌后静置的时间由短到长,摊叶的厚度由薄到厚。当茶青发酵适度时,叶面呈青绿亮黄,叶缘的锯齿形成红边,以手触摸叶片感觉柔软如绵,以鼻闻嗅茶青,青气消退,幽而清、浓而不浊的花香扑鼻。这时制茶师

傅当机立断，立即取出投入高温锅中杀青，制止继续发酵，使
色香味稳定下来。

炒青

炒青，俗称"杀青"。

炒青的目的，是利用高温破坏茶青中的酶，使酶失去活性，
制止茶多酚继续氧化，停止发酵作用。炒青要及时，趁青味消
失、香气初露的时候，赶紧进行。在炒青过程中所产生的热化
学作用，有助于乌龙茶特有的香气形成。

揉捻与布球揉捻

揉捻

把炒青后的茶叶趁热迅速放入揉捻机整形，通过反覆搓揉
的动作，使茶叶由原本的片形卷曲成条形。揉捻的压力，还会
造成叶片的部分细胞破碎，茶汁流出，黏附在叶片表面，冲泡
时滋味便容易释出。通过这道工序之后，条索形的包种茶只要
再经过干燥，就完成毛茶的制程了。

布球揉捻

制作铁观音和乌龙茶，注重形状的卷曲紧结，所以在揉捻
初干后，增加布球揉捻的工序，是茶叶成形的重要步骤。过去，
在布球揉捻机未诞生前，这道工序全都倚靠手工进行，最耗时

费工，十分辛劳。布球揉捻主要是塑形，又称为团揉、包揉。用细白布，把初干的茶叶趁热包裹起来，运用"揉、压、搓、抓"的手法，使茶叶条索紧结、卷曲成螺状。在制作过程中，不时要将布巾解开，把茶叶抖松散热，以免闷热发黄，然后再包揉，再松开，重复多次以后，茶叶的外形就逐渐紧结成球形或半球形了。

干燥

利用高温制止炒青后残留的酵素活性，使茶叶不再发酵，固定茶叶的品质。同时使茶叶的含水量降到4%以下，以延长贮存的期限。完成二次干燥后的茶叶，称为"初制茶"或"毛茶"，到这里就结束了第一阶段的初制工序。

接下来的拣枝、焙火的工序，都属于后段的精制工夫了。

拣枝

拣枝是把毛茶的茶梗、老叶、黄片以及其他杂物拣去，十分费工、耗时。

烘焙

乌龙茶的烘焙技术十分考究。烘焙得法，可以提高乌龙茶的香气和滋味,去除青臭气与苦涩味。《武夷茶歌》中曾有一段描述:"如梅斯馥兰斯馨,大抵烘焙候香气,鼎中笼上炉火红,心专手敏工夫细。"诗中讲道,烘焙的技术高超,可以得到如梅似兰的香气,但要心专手敏,适时调节火温,细心地翻拌。乌龙茶的烘焙过程不同于其他茶类的干燥,烘焙的工序道数多,技术要求高,变化多端,奥妙无穷。

乌龙茶的干燥程度比其他茶类都高,含水量只有 2% 至 3%。乌龙茶能够久藏不坏,就是因为焙得熟、干度高,耐贮藏。而且在良好的贮藏条件下,还能"香久益清,味久益醇"。

买茶

明代万历年间，住在西湖边的冯梦祯是个精于生活品味与艺术鉴赏的文士，他在《快雪堂漫录》里，记述自己有一次到老龙井买茶的故事：

> 昨同徐茂吴至老龙井买茶。山民十数家各出茶，茂吴以次点试，皆以为赝。曰："真者甘香而不冽，稍冽便为诸山赝品。"得一二两以为真物，试之，果甘香若兰，而山人及寺僧反以茂吴为非。吾亦不能置辨，伪物乱真如此。茂吴品茶，以虎丘为第一。常用银一两余，购其斤许。寺僧以茂吴精鉴，不敢相欺。他人所得，虽厚价亦赝物也。

所谓"名品不易得，得亦不常有"，各地的名茶产量本来就很少，一旦成名后，仿冒的伪茶便充斥市场，自古以来便是这样的。

宋代蔡襄在《茶录》中说："茶色贵白，而饼茶多以珍膏油其面，故有青黄紫黑之异。善别茶者，正如相工之视人气色也，隐然察之于内，以肉理实润者为上。"虽然蔡襄讨论的是团饼茶，但选购茶叶的原则是相通的，重点就是不要只看茶叶的外表，而要重视它的内质。

明代张谦德在《茶经·别茶》中补充鉴别真赝的方法，不过需要十分深厚的功力才行。他说："善别茶者，正如相工之视人气色，隐然察之于内焉。若嚼味嗅香，非别也。"意思是到了最精微的品评阶段，就不能单纯地只靠感官去辨别了。

买茶的确不是一件容易的事，我们都希望买到既合乎自己的口味，价钱又公道实在的好茶。这需要慢慢体会，累积经验。味觉与嗅觉的敏锐度很重要，敏锐度可以在品茶的过程中培养，先学品茶，等到品茶的功力深厚了，自然就会选茶了。买茶的时候，一定要试茶，觉得好喝才买，不要只看茶叶的外形做得很漂亮就买了。再来保留一点自己喜爱的茶叶，在买新茶时作为比对的茶样用，就有衡量的基准了。

茶叶的香气与滋味

在紧张忙碌的生活当中，抽空休息一会儿，喝杯茶，是一种幸福的享受。当我们捧起一杯清香四溢的茶汤，闻到扑鼻而来的芳香时，往往感觉精神爽快，心情顿时放松下来，疲劳也随之消失了。

茶香

茶叶又称为香茗，拥有天赋的芳香，馥郁芬芳的茶香可以使我们的情绪镇静。目前所知茶叶中的香气化合物有七百多种，各类茶叶的香气与其含量都不相同，由此形成了茶叶多彩多姿的品质风味。

乌龙茶的香气与成熟度有很大的关系，通常嫩叶的香气细腻、饱满、丰厚，成熟叶中的香气物质含量高，香气丰富，而粗老的茶叶带有一种粗青气。季节不同，茶叶的香气也不一样，春茶的清香比较突出，秋茶带有花香，冬茶的香气则较含蓄、优雅。茶树的品种与香气也有很大的关系，比如有名的"铁观音"，是由铁观音品种制成的，天然花香十分独特，用其他茶树品种就很难制出同样品质风格的茶叶。

其实，刚采下来的茶叶，并没有芳香，只有一股浓烈的青草气。在茶叶的制作过程中，这种具有青草气味的物质不断挥发，大部分都散失了，而具有芳香的物质却被保留下来，有的产生了一连串的变化而形成了新的香气，因此制好的茶叶便芳香扑鼻。

滋味

我们品茶的时候，除了享受芬芳的茶香之外，最喜爱茶汤鲜醇爽口的滋味。不同品种、不同等级的茶叶，滋味都不一样。茶叶中具有滋味的物质最重要的是咖啡碱、茶多酚与茶氨酸。

苦味

茶在早期是寺院中的饮料。由于茶有适度的兴奋作用，能驱除睡意，使僧人们在打坐时能保持较好的精神状态，因此寺院中都种植茶树。后来禅宗的传播推动了饮茶的普及，使茶成为一种广为人知的饮料。1827年，茶叶中的咖啡碱被发现，人们终于认识到它是让人兴奋、推动饮茶普及的"功臣"之一。

咖啡碱，又称为咖啡因，无色、无臭，有苦味，在茶树的不同部位的含量不同，芽和嫩叶中含量较高，老叶和茎、梗中含量较低，根和种子不含咖啡碱。

咖啡碱的兴奋作用和爽口的苦味令我们喜爱它，使得一些含有咖啡碱的饮料和糖果，比如茶、咖啡、可可、巧克力容易盛行。咖啡碱使人精神振奋，注意力集中，大脑思维活动清晰，感觉敏锐，记忆力增强，具有利尿、助消化的作用。

涩味

茶多酚，又称为茶单宁、单宁酸，是茶叶中三十多种酚类化合物的总称。其中最主要的成分为儿茶素，占总量的七成左右。茶多酚具有苦涩味和收敛性，是茶叶中涩味的主要来源。这些具有涩味的茶多酚，在制茶的过程中发生转变，大部分的涩味都消失了，变成浓醇而爽口的滋味。

茶多酚具有抗氧化的作用，能降低血液中的胆固醇。

鲜爽味

茶叶中的氨基酸有三十多种，其中茶氨酸的含量最高，占氨基酸总量的一半以上。茶氨酸易溶于水，具有鲜味和甜味，是茶汤鲜爽味的主要来源。大部分茶氨酸的味道为鲜中带甜，有的在鲜中带酸，也有少量虽然味甜但回味带苦。在日光下，茶氨酸会分解与转变，而在蔽光的条件下，分解则受到抑制。所以，在江苏省太湖的碧螺春茶区，茶农都把茶树种植在各种果树的树荫下，而在日本则常用遮荫的方法来提高茶叶中茶氨酸的含量，以增进茶汤的鲜爽味。

咖啡碱是众所周知的兴奋剂，但是我们在饮茶时反而感到放松、平静、心情舒畅，现已证实这主要是茶氨酸的作用。

甜味

虽然茶叶中碳水化合物的含量很高，但能溶于水的部分不多。碳水化合物中的可溶性醣类是茶汤中的甜味和丰厚感的主要来源。

酸味

茶叶中还含有多种有机酸，这是酸味的主要成分。

茶叶的保存

　　茶叶是种疏松多孔的物质，它里面有很多细微的小孔，具有毛细管的作用，非常容易吸附空气中的水分和杂味，这就使得茶叶很容易变质，如果保存不当，很快就会散失了珍贵的香气和风味。

　　茶叶会变质走味，主要是茶叶中的化学成分氧化的结果。对它影响最大的环境因素是高温、湿气、光线、氧气、杂味。空气是水分和杂味的载体，所以保存茶叶最重要的原则就是隔绝空气。而高温和光线照射，都会加速茶叶的氧化反应，导致劣变。

　　保存茶叶，必须留意一些琐碎的小细节。

　　首先茶叶本身的含水量不能过高。研究证明，茶叶的含水量在3%以下才能经久耐放，否则即使真空包装，还是很快就会变质。颗粒状的茶叶一般比条索形的耐放。

　　茶叶最好用铝箔袋包装，不要用塑胶袋。塑胶袋除了透光线之外，它本身的气味也会影响茶叶的品质，使香气与滋味的表现下降。

　　如果一次买的茶叶量比较多，最好分成小包装来贮存，用真空方式密封起来，或者在铝箔袋内放入脱氧剂。同时，在袋子外面贴上贴纸，清楚地注明茶名、产地、年份、季节、封装时间、茶店名、价钱等等。开封时再记上开封的日期。

铝箔袋开封后，每次取完茶，都应尽快把袋内的空气挤出来，把袋口封紧，放入盖子紧密的茶叶罐保存。风味不同的茶叶，最好分开放在不同的罐内。

茶叶罐的密封度很重要。纸罐、陶罐、瓷罐的盖子都不够紧密。真空塑胶罐本身带有塑胶气味，玻璃罐会透进光线。锡罐的盖子最密合，但一般的锡罐都不大，通常不能连铝箔袋一起放进去，必须把茶叶倒进锡罐里保存，而我们常常忽略的是茶叶越用越少以后，罐内的空气增多，剩下的茶叶氧化转陈的速度很快。比较好用的是不锈钢材质、双层盖子的茶叶罐。

刚买回来的茶叶罐，或是残留有异味的罐子，一定要先处理干净，完全没有杂味以后，才能放入茶叶。

茶叶罐要放在阴凉、通风的地方，不要放在厨房或橱柜里面，也要避免放在潮湿、有杂味、光线直照的环境中。

绿茶和轻发酵的包种茶、乌龙茶比较不耐放，若以低温保存，可以延长赏味期。不过一般家用冰箱里面食物的味道过浓，会使茶叶吸入杂味，如果有需要，最好另外单独准备一个专用的小冰箱来贮存。茶叶从冰箱内取出时，不能马上开封，要放一夜，等它回到室温后再开封，以免吸入了湿气。开封后的茶叶要尽快用完。

茶叶因保存不良而使品质下降、变劣，和在保存良好的情况下自然转陈，是完全不同的两种结果。其实茶叶在生长、采制、存放的过程中，没有一刻是静止不动的，不论我们如何尽心保存，它都会不停地缓缓转化。如果能够受到细心的照顾，一泡有茶底的乌龙茶在放了十几年、二十多年之后所展现出来的迷人风采，是我们可以期待却又不能预测的。品尝陈年好茶的风韵和享受新茶的鲜芳同样令人感动，陈年茶的活性有时更叫我们感到惊叹。

许多朋友喜爱把茶叶封存在陶瓮里，耐心等待十年后转出梦幻般的陈韵。但我们要小心，新的陶瓮有土味和火气，而老瓮的杂味多半很重，一定要把瓮清理得十分干净、无味时，才能使用。我们在瓮底和瓮内四壁铺上干净的粽叶，再放些用细棉布包起来的木炭或石灰，放进茶叶后，盖上密密的粽叶，不能留有空隙，然后把瓮口密封起来。由于陶瓮是一种会呼吸的容器，吸水性和透气性都很高，所以要把它摆在阴凉、干燥和通风的地方，才不会在多年后发现茶叶劣变了。

后记

人间万事消磨尽，只有清香似旧时

　　我不是学者，只是一个实做的人，也可以简单地说是一个行者。

　　这些多半是自己的一点体会，也有部分是先有了体会，后来读书时，碰到前人的经验，高兴地拿来印证自己平日所想的，记下来，便成了可以给朋友作为参考的笔记。

　　喝茶是大家都喜欢的事。喝得精，喝得讲究，细细地喝，叫做品。我们现在说一个人的品味很好，意思是他的鉴赏力很好，眼光很高，而顾名思义，品味是从味觉开始的。

　　我一直认为功夫靠累积，累积许多人的功夫就产生了文化的厚度，这是自然而然的结果，强求不了，也不能速成。反过来说，一个地方，有许多人喜欢做同样的一件事，做得踏实、深入、精彩，慢慢就会出现一批有功底的玩家，这个领域要它无趣也很难。

　　饮茶艺术与一般艺术最大的不同之处，就在于它是普通人的一种生活方式，或生活的态度，或生活的样貌。可以从几个层次去思考与看待。

　　二十多年前，朋友们为台湾的饮茶艺术取名茶艺，我个人以为在茶艺中再注入精神境界，就成为茶道，因为道艺一体本来就是中国的传统艺术精神。

台湾出产世界上稀有的好茶，为了要跟朋友一起好好地品尝这种珍贵的茶，我们布置环境空间、插花、欣赏音乐、摆设一些不矫饰的、仔细选择的茶具……这些渐渐地成为生活的一部分。促使这种"游戏"发展的要素是我们爱美，并且想要创造的天性。虽然在我们这块土地上缺乏足够的审美教育，但我们自己在茶道艺术里发现了弥补心中缺憾的方法。同时，茶道也引领我们的内心往平静、宽广、安详的境界追寻。

对我们而言，茶道意指满足。满足于单纯的生活，及这种生活中不凡的美感。通常，我们不知道原来拥有那么多可以使自己快乐的能力，而且还能把这样的快乐分享出去。只是抱着朴素的初心，便带给我们所经历的事一种内在的品质，一种新鲜的活力和创造力，结果我们便体会到这种不断开展、显露的经验……每当我们接近那个极限，自然就会知道还有什么。这是不是铃木大拙指出的"中国人所创造的，日常里活着的禅"？

那么，清香便可以继续流动。

2008 年 9 月 30 日

特别感谢为本书摄影的朋友们

廖东坤先生　全书摄影（除以下注记外）

郭东泰先生　第 16、69（右）、70、80、83（左）、89（左）、102、109（左）、109（右）页

陈弘文先生　第 41 页

马岭先生　第 19、27、29、49、62、74、101 页

李松鼠先生　第 15、34、92、93（左）页

陈介谆先生　第 77（左）、79（左）、91、97、106 页

阿改女士　第 116 页

李宓儿女士　第 63（左）、103（左）页

陈昭宇先生　封面

［第 51（右）、55（右）、57（左）、57（右）、63（右）、67（右）、71（右）、77（右）、79（右）、85（右）、87（右）、95（右）页图由作者提供。］

欢喜感谢参与本书摄影的朋友们

王瑞莲女士、林炳辉先生、邱仁赐先生、邱玮泫女士、李婉瑄女士、谢小曼女士、吴月芸女士、林宪能先生、徐宝玲女士、林碧莲女士、张瑞纯女士、梁娟女士、陈秀鸾女士、陈乃悦女士、中根绫子女士、张映涵女士、叶敏玲女士、叶玲萍女

士、霍荣龄女士、张泽铭先生、赵幸美女士、陈叔文先生、谢美玲女士、谢雪芳女士、李丽娟女士、钟锦桂女士、尚文蒨女士、花岛广志先生、法磬法师、刘绪芬女士、陈品亘女士

© 民主与建设出版社，2020

图书在版编目（CIP）数据

清香流动 / 解致璋著 . -- 北京 : 民主与建设出版
社 , 2020.4
ISBN 978-7-5139-2807-6

Ⅰ . ①清… Ⅱ . ①解… Ⅲ . ①茶叶－文化－中国
Ⅳ . ① TS971

中国版本图书馆 CIP 数据核字 (2019) 第 250749 号

* 本书由台北远流出版公司授权出版，限在中国大陆地区发行

著作权合同登记号：01-2019-6102

清香流动
QINGXIANG LIUDONG

著 者：	解致璋
出 品 人：	陈 垦
责任编辑：	刘树民
封面设计：	凌 瑛
出 品 方：	中南出版传媒集团股份有限公司
	上海浦睿文化传播有限公司
	上海市万航渡路888号开开大厦15楼A（200040）
出版发行：	民主与建设出版社有限责任公司
电 话：	(010) 59417747 59419778
社 址：	北京市海淀区西三环中路 10 号望海楼 E 座 7 层
邮 编：	100142
印 刷：	深圳市福圣印刷有限公司
版 次：	2020 年 4 月第 1 版
印 次：	2023 年 9月第 4 次印刷
开 本：	700mm x 1000mm 1/16
印 张：	13.75
字 数：	100 千字
书 号：	ISBN 978-7-5139-2807-6
定 价：	98.00 元

如有印、装质量问题，请与出版社联系 021-60455819。